Fortsetzung auf der 3. Umschlagseite

Zu diesem Buch

'Statistik für Soziologen' wird in vier Studienskripten behandelt: 1. Deskriptive Statistik
2. Schließende Statistik - 3. Faktorenanalyse
4. Nichtparametrische Statistik. Jeder Band
bietet eine geschlossene Darstellung.

Schließende Statistik pflegt meist in den Übungen
zur Methodik der empirischen Sozialforschung
behandelt zu werden, die heute weithin einen
festen Platz im Lehrplan einnehmen. Der Stoff
wurde so dargestellt, daß besondere Kenntnisse
der Mathematik nicht erforderlich sind. Das
Skriptum kann sowohl ergänzend zur Übung als
auch zum selbständigen Erarbeiten des Problem-
kreises herangezogen werden.

Obwohl dieses Studienskriptum aus Übungen
für Studenten der Soziologie hervorgegangen
ist, dürfte es gleichfalls für Psychologen,
Pädagogen und Wirtschaftswissenschaftler
von Interesse sein.

Studienskripten zur Soziologie

Herausgeber: Prof. Dr. Erwin K. Scheuch
             Prof. Dr. Heinz Sahner

Teubner Studienskripten zur Soziologie sind als
in sich abgeschlossene Bausteine für das Grund-
und Hauptstudium konzipiert. Sie umfassen sowohl
Bände zu den Methoden der empirischen Sozialforschung, Darstellung der Grundlagen der Soziologie, als auch Arbeiten zu sogenannten Binde-
strich-Soziologien, in denen verschiedene theoretische Ansätze, die Entwicklung eines Themas
und wichtige empirische Studien und Ergebnisse
dargestellt und diskutiert werden. Diese Studienskripten sind in erster Linie für Anfangsseme-
ster gedacht, sollen aber auch dem Examenskandi-
daten und dem Praktiker eine rasch zugängliche
Informationsquelle sein.

Statistik für Soziologen 2

Schließende Statistik

Von Prof. Dr. rer. pol. H. Sahner
Universität Lüneburg

3., durchgesehene Auflage
Mit 27 Bildern und 26 Tabellen

B. G. Teubner Stuttgart 1990

Prof. Dr. rer. pol. Heinz Sahner

1938 in Ladung/Sudetenland geboren. 1953 bis 1957 Elektro-
mechanikerlehre. 1959 Technikerprüfung. 1958 bis 1963
Fa. E. Leybolds Nachf., Köln. 1960 bis 1964 Abendgymnasium
Köln. 1964 bis 1969 Studium an der Universität zu Köln:
Soziologie, Volkswirtschaft und Sozialpsychologie. Von 1970
bis 1973 Assistent am Institut für vergleichende Sozial-
forschung der Universität zu Köln. Von 1974 bis 1982 am
Institut für Soziologie der Christian-Albrechts-Universität
Kiel. 1981 Habilitation. Seit 1982 Professur für Allgemeine
Soziologie und Methoden der empirischen Sozialforschung an
der Universität Lüneburg.

CIP-Titelaufnahme der Deutschen Bibliothek

Statistik für Soziologen. - Stuttgart : Teubner.

2. Schliessende Statistik / von H. Sahner. - 3., durchges. Aufl.
  -1990
  (Teubner-Studienskripten ; 23 : Studienskripten zur Soziologie)
  ISBN 978-3-519-20023-9   ISBN 978-3-322-94113-8 (eBook)
  DOI 10.1007/978-3-322-94113-8
NE: Sahner, Heinz ; GT

Gesamtherstellung: Druckhaus Beltz, Hemsbach/Bergstraße
Umschlaggestaltung: W. Koch, Sindelfingen

Vorwort

Testverfahren sind heute ein weit verbreitetes Instrument
der empirischen Sozialforschung. Weitere Ausbreitung ist
durch die wachsende Bedeutung der elektronischen Datenverarbeitung gesichert, die Signifikanztests sozusagen automatisch anfallen läßt. Daß aber an die Durchführung von Signifikanztests bestimmte Bedingungen geknüpft sind, droht
darüber in Vergessenheit zu geraten.

Ziel dieser Einführung in die Schließende Statistik ist es
nicht, eine Vielzahl von Testverfahren kochbuchartig vorzu-
stellen, sondern vielmehr die Logik und die Bedingungen ein-
zelner Schlußverfahren zu diskutieren. Besondere Kenntnisse
der Mathematik werden nicht vorausgesetzt. Ich habe mich be-
müht, so einfach wie möglich vorzugehen, um den Zugang zu
den einzelnen Problemkreisen zu gewährleisten. Diesem Ziel
sollen auch die Anwendungsbeispiele dienen.

Beherrscht man erst einmal die Logik des Vorgehens und sind
die Voraussetzungen und Grenzen statistischen Schließens bekannt, so verlieren auch dicke und anspruchsvolle Bücher viel
von ihrem Schrecken. Will der Leser seine Kenntnisse erwei-
tern, so empfiehlt es sich, auf die im Anhang aufgeführte Literatur zurückzugreifen, auf die im Text auch teilweise aus-
drücklich Bezug genommen wird. Empfehlenswert ist hier vor
allem das Buch von P. Neurath, obwohl es aufgrund eigenwilli-
ger Gliederung und durch den umfangreichen Stoff leicht be-
nutzerunfreundlich wirkt. Hier findet der Leser auch mathematische Nachweise, auf die in diesem Skriptum nicht immer
eingegangen wird, da sie für das Verständnis statistischer
Testverfahren nicht unbedingt erforderlich sind. Eine geschlossene und didaktisch geschickte Darstellung der Schlies-
senden Statistik bietet S. G. Levy. Zur Vertiefung hier dar-
gestellter und zur Erarbeitung weiterer Verfahrensweisen

empfiehlt es sich, vor allem auf W.L. Hays und H. M. Blalock
zurückzugreifen.

Folgende Verlage, denen ich an dieser Stelle danken möchte,
gaben die Erlaubnis zum Abdruck von Tabellen: die Iowa State
University Press, Ames, Iowa, USA, für die Tabellen der
F-Verteilung aus George W. Snedecor und William C. Cochran,
(c) 1967, Statistical Methods, 6th edition; der Verwalter
des literarischen Nachlasses von Sir Ronald A. Fisher,
F.R.S. und Dr. Frank Yates, F.R.S., sowie der Verlag Oliver
& Boyd, Edinburgh, für die Tabelle der x^2-Verteilung aus
R. A. Fisher und F. Yates, Statistical Tables for Biological,
Agricultural and Medical Research, 1963, 6th edition, und
der Verlag Prentice-Hall, Inc., Englewood Cliffs, New Jersey,
für die Tabellen der Flächenanteile der Normalverteilung und
der t-Verteilung aus Croxton, Cowden und Klein, Applied
General Statistics (c) 1967.

Abschließend möchte ich Herrn Dipl.-Volksw. F. Böltken für
die kritische Durchsicht des Manuskriptes danken. Frau
Karhausen gebührt Dank für das Schreiben einer früheren
und Fräulein Zimmermann für die Niederschrift der end-
gültigen Fassung. Vor allem aber danke ich Herrn stud. rer.
pol. M. Kops für die Zeichnungen und die unermüdliche redak-
tionelle Hilfe.

Köln, im August 1971   H. Sahner

Vorbemerkung zur 3. Auflage
Für die dritte Auflage wurden einige Beispiele verändert und
kleine Korrekturen vorgenommen.

Lüneburg, im Juni 1989   H. Sahner

Inhaltsverzeichnis

1. Grundbegriffe   9

    1.1. Grundgesamtheit und Auswahl   11
          1.1.1. Die Grundgesamtheit   12
          1.1.2. Die Auswahl   14
    1.2. Mittelwerte und Streuungsmaße   18
          1.2.1. Die Standardisierung   22

2. Die Normalverteilung   25

3. Schließverfahren für quantitative Variablen   38

    3.1. Der Repräsentationsschluß, das Schließen   38
          vom Mittelwert des Samples ($\bar{x}$) auf den Para-
          meter der Grundgesamtheit (μ)
          3.1.1. Normalverteilung als Prüfverteilung   38
          3.1.2. t-Verteilung als Prüfverteilung, $n < 30$ 57
    3.2. Der Inklusionsschluß; die Parameter der Grund-   67
          gesamtheit μ und σ_x sind bekannt
          3.2.1. Schätzung des Samplemittelwertes   67
                  3.2.1.1. Sampleumfang $n \geq 30$ 67
                  3.2.1.2. Sampleumfang $n < 30$ 70

4. Schließverfahren für Prozentwerte; der Schluß vom   72
   Sampleprozentsatz auf den Gesamtgruppenprozentsatz

5. Prüfung der Unterschiede zwischen Stichproben   94

    5.1. Signifikanztests für Prozentwerte   94
    5.2. Signifikanztests für Mittelwerte   104
          5.2.1. Der z-Test, $(n_1 + n_2) \geq 30$ 104
          5.2.2. Der t-Test, $(n_1 + n_2) < 30$ 110
                  5.2.2.1. Gleiche Varianzen, $\sigma_{x_1}^2 = \sigma_{x_2}^2$ 110
                  5.2.2.2. Ungleiche Varianzen,   111
                            $\sigma_{x_1}^2 \neq \sigma_{x_2}^2$

5.2.2.3. Überprüfung, ob $\sigma^2_{x_1} = \sigma^2_{x_2}$ 112
oder $\sigma^2_{x_1} \neq \sigma^2_{x_2}$ durch den F-Test

6. Einseitige Tests   118

7. Die Chi-Quadrat-Verteilung   124

   7.1. Die Maßzahl $\chi^2 = \Sigma\frac{(O-E)^2}{E}$ 132

   7.2. Die Yates-Korrektur für kleine Besetzungszahlen und der χ^2-Test für Vierfeldertabellen   139

8. F-Test und Varianzanalyse   141

   8.1. Varianzanalyse und Experiment   156

      8.1.1. Beispiel einer Varianzanalyse Zerlegung der Varianz in ihre Bestandteile   158

      8.1.2. Varianzanalyse und Korrelation   166

      8.1.3. Bestimmung der Varianzanteile   167

9. Schlußbemerkungen   169

   9.1. Zum Problem der Auswahl und der Faktorenkontrolle   169

   9.2. Zum Problem des Signifikanzniveaus   171

   9.3. Die Aussagefähigkeit von Signifikanztests   173

Literaturverzeichnis   175

Tabellenanhang   176

Sachregister   185

1. Grundbegriffe

Während die beschreibende (deskriptive) Statistik sich mit
der Untersuchung und Beschreibung von Gesamtheiten oder
Teilmengen von Gesamtheiten begnügt (z. B. durch Mittelwerte, Prozentsätze, Streuungsmaße, Korrelationskoeffizienten etc.), untersucht demgegenüber die Schließende Statistik
(analytische Statistik, Inferenzstatistik) z. B. nur eine
repräsentative Teilmasse der Grundgesamtheit (Population)
und schließt von dieser Teilmasse auf die Charakteristika
der Grundgesamtheit.

Es wird also nur eine meist relativ kleine Anzahl der Einheiten der Grundgesamtheit untersucht und aus den Ergebnissen auf Merkmale der Grundgesamtheit geschlossen. Dieser
"Repräsentationsschluß", das Schließen von Merkmalen einer
Auswahl auf die entsprechenden Charakteristika der Grundgesamtheit, ist das von den weiter unten dargestellten
Schlußverfahren wohl am häufigsten verwendete. Die Verallgemeinerungen zulassende Untersuchung nur relativ kleiner
Auswahlen erfreut sich aus vielerlei Gründen großer Beliebt-
heit. An erster Stelle sind wohl wirtschaftliche Gesichts-
punkte zu nennen. Im Vergleich zur Vollerhebung ist die Berücksichtigung von Teilmassen bedeutend billiger, besonders,
wenn die Gesamtheiten sehr groß sind. "Sichere" Aussagen
können dann - berücksichtigt man einige noch darzustellende
Voraussetzungen - schon aufgrund von Teilmassen getroffen
werden, die nur einen winzigen Bruchteil der Grundgesamtheit
ausmachen, da die Sicherheit der Schlußfolgerungen primär
vom absoluten Umfang der Auswahl und weniger von der Relation ihrer Größenordnung zur Gesamtheit bestimmt wird, wie
noch zu zeigen sein wird.

Ein weiterer Vorteil ist die größere Schnelligkeit im Vergleich zur Vollerhebung. Tausend oder zweitausend Personen auszuwählen und z. B. deren Gewicht zu bestimmen ist unproblematisch und zügig zu erledigen. Will man dagegen das Durchschnittsgewicht der Bundesbürger durch eine Vollerhebung ermitteln, wird eine bedeutend längere Zeit erforderlich sein. Ob dieses Vorgehen genauere Ergebnisse liefert als die Untersuchung einer Auswahl, ist obendrein fraglich. Es wird kaum gelingen, das Gewicht eines jeden Bundesrepublikaners zu bestimmen. Viele Individuen werden im Erhebungszeitraum einfach nicht aufzutreiben sein, und bevor die ganze Aktion abgeschlossen ist, werden einige Individuen wieder einige Pfunde zugelegt und andere just das Licht der Welt erblickt haben. Das genaue Durchschnittsgewicht für einen gegebenen Zeitpunkt zu bestimmen, ist also kaum möglich. Zwar wird ein Ausgleich der Verzerrungen zu beobachten sein (einige führen gerade eine Schlankheitskur durch, andere segnen das Zeitliche), aber eine exakte Bestimmung des Durchschnittsgewichts zu irgend einem bestimmten Zeitpunkt wird auch auf diese Weise nicht zu gewinnen sein.

Manchmal ist eine Vollerhebung auch deshalb nicht vertretbar, da sie den Erhebungsgegenstand zerstören oder verändern würde. Soll zum Beispiel eine Qualitätskontrolle (etwa eine Zerreißprobe) in einem Fabrikationsbetrieb alle Einheiten der Produktion erfassen, ginge der Erhebungsgegenstand unter. Ein ähnlicher Fall ist natürlich auch für den Bereich der Sozialwissenschaften denkbar. Will man in Erfahrung bringen, ob die Bevölkerung sich etwas Sinnvolles unter der EG vorstellen kann, erhält man keine gültigen Ergebnisse, wenn eine entsprechende Frage an alle Personen der Grundgesamtheit gerichtet wird. Führt man nämlich eine Vollerhebung durch, wäre bald jeder über Sinn und Zweck der EG

informiert. Lediglich bei großer räumlicher Streuung der Er-
hebungseinheiten und fehlender Kommunikationsmöglichkeit
zwischen schon Befragten und noch zu Befragenden wären gül-
tige Ergebnisse zu erwarten.

Schließlich sind einer Vollerhebung häufig schon rein technisch Grenzen gesetzt. Meist steht nur eine kleine Anzahl
qualifizierter Kräfte zur Erhebung und Auswertung der Ergebnisse zur Verfügung.

Wir sehen, für die Untersuchung nur kleiner Teilmassen einer
Grundgesamtheit sprechen mancherlei Gründe. Um aber die von
Teilmassen gewonnenen Ergebnisse verallgemeinern zu können,
müssen bestimmte Voraussetzungen erfüllt sein. Das gilt auch
für den "Inklusionsschluß". Hier wird von den "Parametern"
auf die Maßzahlen einer Auswahl geschlossen.

Bevor die Schließverfahren dargestellt werden, müssen aber
noch einige Grundbegriffe geklärt werden.

1.1. <u>Grundgesamtheit und Auswahl</u>

Im folgenden wollen wir erläutern, was unter den Begriffen
"Grundgesamtheit" und "Auswahl" zu verstehen ist. Die No-
menklatur ist nicht einheitlich, d. h. zur Bezeichnung des
gleichen Tatbestandes werden verschiedene Termini verwendet. So werden auch im vorliegenden Fall die Begriffe Grundgesamtheit, Population oder Universum synonym verwendet,
während wir für "repräsentative" (vgl. 1.1.2.) Teilmassen
der Grundgesamtheit noch häufig die Begriffe "Sample",
"Auswahl" oder "Stichprobe" finden können. Statistische
Maßzahlen, die die Grundgesamtheit beschreiben, wollen
wir Parameter nennen und durch große lateinische oder kleine
griechische Buchstaben bezeichnen. Maßzahlen, die Stichpro-

ben kennzeichnen, nennen wir Samplemaßzahlen oder Statistiken und verwenden dafür kleine lateinische Buchstaben.

Symbole:

	Grundgesamtheit Parameter	Stichprobe Samplemaßzahl (Schätzung der Parameter)
Arithm. Mittel	μ	$\bar{x}$
Standardabweichung	σ	s
Varianz	σ^2	s^2
Fallzahl	N	n
Proportion	P	p

Zwischen den Charakteristika, die Samples bzw. Populationen
kennzeichnen, wird also sorgfältig unterschieden.

1.1.1. Die Grundgesamtheit

Die Grundgesamtheit oder Population umfaßt alle möglichen
Beobachtungseinheiten, die sich durch eine bestimmte Merkmalsausprägung auf einer bestimmten Dimension auszeichnen.
Gewöhnlich besteht sie aus einer mehr oder weniger großen
Anzahl von Individuen. Sie kann aus zehn, 100 000 oder unendlich vielen Einheiten bestehen. In den ersten beiden Fällen sind die einzelnen Einheiten der Grundgesamtheit endlich, man kann sie auflisten. Unendlich große Populationen
sind hypothetischer Natur, ein Aufzählen ist nicht möglich.
Und obwohl die Schlußverfahren, von denen die Rede sein soll,
unendlich große Grundgesamtheiten voraussetzen, wird diese
Bedingung doch nicht immer erfüllt. Trotzdem können Schlußverfahren auch bei endlichen Grundgesamtheiten angewendet
werden, vorausgesetzt, sie sind groß genug.

Beispiele möglicher Populationen: Alle zu einem bestimmten
Zeitpunkt an der Universität Köln eingeschriebenen Studenten;
die bundesrepublikanische Bevölkerung am Tag der Bundestagswahl im Jahre 1969; alle Ausgaben der Bild-Zeitung vom
1.1.1970 bis zum 31.12.1971.

Die aufgeführten Beispiele zeigen zweierlei: Die Populationen
sind durch Fixierung der Raum- und Zeitkoordinaten genau definiert (wenn auch nicht immer erfaßbar). Ferner sehen wir,
daß Populationen nicht notwendigerweise aus Menschen, sondern auch aus Gegenständen (z. B. "Bild"-Zeitungen) bestehen können.

Auch Gruppierungen von Menschen können die Beobachtungseinheiten einer Population bilden (z. B. alle Volksschulklassen
oder alle Ehepaare der Bundesrepublik). Wie unsere Grundgesamtheit von Fall zu Fall aussieht, hängt von der Forschungs-
frage ab. Es werden Personen sein, wenn wir das Wählerverhal-
ten bestimmter Bevölkerungsschichten untersuchen wollen. Interessieren uns Machtstrukturen im lokalen Bereich, werden
es Gemeinden sein.

Die genaue Abgrenzung des Universums durch Bestimmung der
Raum- und Zeitkoordinaten führt zu einer Fixierung der
Parameter. Das Durchschnittsgewicht der an der Kölner Universität zu einem bestimmten Zeitpunkt eingeschriebenen Studenten mag zwar über die Zeit variieren und im allgemeinen
unbekannt sein, ist aber zu eben diesem Zeitpunkt invari-
ant.

1.1.2. <u>Die Auswahl</u>

Gewöhnlich sind wir nicht in der Lage, die Parameter, das
heißt also die Maßzahlen der Grundgesamtheit, zu berechnen.
Wir werden das Durchschnittsgewicht oder die Durchschnitts-
größe der Bundesbürger wohl nie aufgrund einer Untersuchung
der Grundgesamtheit erfahren. Und wenn der Verband der
Kleiderproduzenten Zahlen über die Taillenweite bundes-
republikanischer Damen gewinnen will, dann wird er nicht die
ganze Population berücksichtigen, sondern nur eine Auswahl,
die ein möglichst genaues Spiegelbild der Grundgesamtheit
darstellt - eine repräsentative Stichprobe. Schlüsse über die
durchschnittliche Taillenweite oder über die Variation dieses
Parameters in der Population wird er dann aufgrund eben
dieser Sampleinformationen ziehen. Die gemessenen Merkmalsausprägungen auf der Dimension "Taillenweite" werden dann
als repräsentativ für die Grundgesamtheit betrachtet.

Welche Bedingungen müssen nun erfüllt sein, und wie muß man
bei der Auswahl vorgehen, damit Repräsentativität des
Samples gewährleistet ist und dadurch Aussagen über Parameter ermöglicht werden?

Repräsentativität des Samples kann dann erreicht werden,
wenn bei der Auswahl das Prinzip der Zufälligkeit und der
Unabhängigkeit gewahrt worden ist.

Eine <u>Zufallsauswahl</u> der Einheiten ist dann sichergestellt,
wenn jedes Element der Grundgesamtheit die gleiche Chance
hat, ausgewählt zu werden. Dieses Verfahren wird allgemein
einfache Wahrscheinlichkeitsauswahl genannt. (Es gibt noch
andere Verfahren der Zufallsauswahl. Wir wollen für unsere
Zwecke den Begriff der Zufallsauswahl im oben definierten
Sinn verwenden.) Um eine derartige Auswahl überhaupt durch-

führen zu können, muß die Population eindeutig definiert
sein. Wir erinnern uns an die unter Punkt 1.1.1. gegebenen
Beispiele. Die Angaben von Raum und Zeit bei der Definition
der relevanten Grundgesamtheit erlauben erst eine Zufallsauswahl in unserem Sinne. Eine mögliche Vorgehensweise ist
die Auswahl mittels einer Tabelle mit Zufallszahlen. Wenn
wir zum Beispiel aus dem Elferrat der Kölner Narrenzunft
ein Sample mit dem bedeutenden Umfang von zwei Einheiten
ziehen wollen, numerieren wir die Mitglieder nach Belieben
von eins bis elf durch:

01 Bäcker	07 Schulz
02 Müller	08 Klein
03 Overath	09 Schmitz III
04 Schmitz I	10 Groß
05 Schmitz II	11 Schmitzinski
06 Meyer	

Wir starten mit der Auswahl an irgendeinem beliebigen Punkt
der Zufallstafel. Und zwar berücksichtigen wir nur zwei
Zahlenkolonnen, die wir reihenweise oder spaltenweise ver-
folgen. Nehmen wir an, die erste Zahl, auf die wir zufällig mit dem Finger gezeigt haben und die unser Startpunkt
sein soll, sei 95. Da diese Ziffer in unserer Liste nicht
auftaucht, gehen wir zur nächsten Zahl über, die beispielsweise 05 sein soll. Diese Ziffer ist in unserer Liste enthalten. Schmitz II fällt also in unser Sample. Wir gehen
zur nächsten und übernächsten Ziffer über, beide sind in unserer Liste nicht aufgeführt, nämlich 15 und 37. Erst die
folgende Zahl - 03 - soll wieder in unserer Liste vertreten
sein. Schmitz II und Overath sind also in unser Sample ge-
fallen.

<u>Unabhängigkeit</u> der Auswahl ist dann gewährleistet, wenn die Auswahl eines Elementes die Chance eines anderen Elementes, ebenfalls ausgewählt zu werden, nicht beeinflußt. Will man beispielsweise die Widersprüche in den Angaben von Ehepaaren untersuchen und wählt aus der relevanten (numerierten) Grundgesamtheit (alle Ehepaare zum Zeitpunkt t im Gebiet g) mit Hilfe einer Zufallstafel ein Sample mit dem Umfang n aus, dann halten wir die geforderten Bedingungen ein. Wollen wir aber einen individuellen Aspekt Verheirateter untersuchen und nehmen, wenn Schmitz II in unser Sample fällt, gleichzeitig dessen Ehepartner in das Sample mit auf, dann ist die Unabhängigkeit der Auswahl nicht gewährleistet.

Eigentlich ist auch in unserem oben angeführten Elferratbeispiel die Unabhängigkeit der Auswahl - wenn auch aus anderen Gründen - nicht gewährleistet. Wir erinnern uns, Unabhängigkeit der Auswahl ist dann gegeben, wenn die Auswahl eines Elementes die Chance eines anderen Elementes, ebenfalls ausgewählt zu werden, nicht beeinflußt. Das erste Element, das ausgewählt werden sollte, hatte eine Chance von $1/N$, also $1/11$. Nachdem Herr Schmitz II ausgewählt worden war, verblieb aber nur noch eine Grundgesamtheit von $N = 10$ Elementen und damit eine Wahrscheinlichkeit von $1/10$ für die restlichen Elferratsmitglieder. Damit wurde unsere Bedingung, daß alle die gleiche Wahrscheinlichkeit haben sollten, ausgewählt zu werden, nicht eingehalten. In der Praxis, wenn die Population viel größer als der Auswahlumfang ist, wird sich das aber kaum auswirken. Bei Populationen, die viel größer sind als die Samples, haben alle Einheiten (fast) die gleiche Chance, in das Sample aufgenommen zu werden. Obwohl die hier darzustellenden Schlußverfahren Unabhängigkeit und Zufälligkeit der Auswahl voraussetzen, sind die Verzerrungen zu vernachlässigen, wenn die Population viel größer als das Sample ist. Erst wenn der Sampleumfang größer als un-

gefähr ein Fünftel der Grundgesamtheit ist, wird man auf
Korrekturfaktoren zurückgreifen. Wollen wir zu gültigen
Schlußfolgerungen kommen, müssen bei der Auswahl folgende
Bedingungen eingehalten werden (wobei bestimmte oben ange-
führte Konzessionen möglich sind):

Erstens muß jedes Element die gleiche Chance haben, in die
Auswahl aufgenommen zu werden (Wahrung des Zufallsprinzips).
Zweitens darf die Auswahl eines Elementes die Wahrscheinlichkeit eines anderen Elementes, ebenfalls ausgewählt zu
werden, nicht beeinträchtigen (Wahrung des Prinzips der Unabhängigkeit).

Während der Parameter der Grundgesamtheit einen bestimmten
- wenn auch meist unbekannten - fixierten Wert hat, variieren die Statistiken von Sample zu Sample. Nehmen wir an,
uns interessiert das durchschnittliche Gewicht unserer Elferratsmitglieder. Dann werden wir für einzelne Samples, be-
stehend z. B. aus jeweils zwei Fällen, wahrscheinlich immer
einen anderen Mittelwert errechnen. Einmal errechnen wir
vielleicht 100 kg, ein anderes Mal 95 kg, bei einem dritten
Versuch vielleicht 80 kg. Der Mittelwert μ der Grundgesamtheit ist dagegen ein fester Wert. Ob der für das Sample errechnete Mittelwert dem Parameter entspricht bzw. wie nahe
wir ihm kommen, wissen wir nicht. Wäre unser Sample tatsächlich ein verkleinertes Abbild der Grundgesamtheit, d. h. wäre es repräsentativ, müßte der errechnete Samplemittelwert
dem Parameter entsprechen. Bei solch kleinen Fallzahlen ist
freilich Repräsentativität kaum zu erreichen. Aber selbst
wenn wir aus der Bevölkerung der BRD Zufallsauswahlen mit
einem n von 2000 ziehen, werden die Mittelwerte "zufällig"
schwanken. Das heißt, der Zufall spielt uns bei der Auswahl
einen Streich. Unsere Samples sind meist nur annähernd repräsentativ. Wir wissen aber nicht, wie repräsentativ. Das heißt,
wir können keine exakte Aussage darüber machen, wie nahe wir

an den tatsächlichen Mittelwert der Grundgesamtheit heran-
kommen. Mit Hilfe der Schlußverfahren werden wir aber in
die Lage versetzt werden, einen Bereich anzugeben, in dem
der Parameter mit einer bestimmten Sicherheit (Wahrscheinlichkeit) liegt.

1.2. Mittelwerte und Streuungsmaße

Mittelwerte und Streuungsmaße bzw. Lokalisations- und Dis-
persionsparameter dienen der Beschreibung von Gruppen hinsichtlich bestimmter Eigenschaften. Sie erlauben es, eine
Vielzahl von Beobachtungen knapp zu charakterisieren. Das
arithmetische Mittel $\bar{x}$ (x-quer) ist sicher das am häufigsten verwendete Durchschnittsmaß. Es ist definiert als
Summe der einzelnen Meßwerte, dividiert durch die Anzahl
der Meßwerte. Wenn die Anzahl der Meßwerte n durch
x_1, x_2, ... x_n symbolisiert wird, dann läßt sich $\bar{x}$ wie
folgt berechnen:

$$\bar{x} = \frac{x_1 + x_2 + \ldots\ldots\ldots + x_n}{n}$$

Das Symbol x_1 steht für den bei Individuum Eins gemessenen Wert. Zur Vereinfachung greift man auf folgende Darstellung zurück:

$$\bar{x} = \frac{\sum\limits_{i=1}^{n} x_1}{n} = \frac{1}{n} \sum\limits_{i=1}^{n} x_1 \qquad\qquad (\ 1 \ )$$

Das Zeichen Σ (Sigma) gibt folgende Anweisung: Addiere
alle x_1-Werte, wobei i (Laufindex) von 1 bis n geht.
Kommen Meßwerte mehr als einmal vor, dann soll jeweils
f_1, f_2, f_3 .... f_k die Häufigkeit der Meßwerte x_1, x_2,
x_3 .... x_k darstellen. $\bar{x}$ wird dann wie folgt berechnet:

$$\bar{x} = \frac{f_1 x_1 + f_2 x_2 + \dots + f_k x_k}{n} = \frac{1}{n} \sum_{i=1}^{k} f_i x_i \qquad (\; 2 \;)$$

Nehmen wir an, das Gewicht der Mitglieder unseres Elferrates entspreche den in Tabelle 1 angeführten Werten. Das arithmetische Mittel wird dann in diesem Fall wie folgt berechnet:

$$\bar{x} = \frac{1}{11} \sum_{i=1}^{11} x_i = \frac{59+80+77+90+110+100+70+120+75+69+85}{11}$$

$$\bar{x} = \frac{935}{11} = 85 \text{ kg}$$

Tabelle 1:

	Gewicht (kg)	$x_i - \bar{x}$	$(x_i - \bar{x})^2$
01 Bäcker	59	−26	676
02 Müller	80	− 5	25
03 Overath	77	− 8	64
04 Schmitz I	90	5	25
05 Schmitz II	110	25	625
06 Meyer	100	15	225
07 Schulz	70	−15	225
08 Klein	120	35	1225
09 Schmitz III	75	−10	100
10 Groß	69	−16	256
11 Schmitzinski	85	0	0
$\bar{x} = 85$ kg		$s_x = \sqrt{3446:11}$ $= \sqrt{313,3} = \underline{17,7}$	

Der Mittelwert von 85 kg gibt uns (wenn sonst keine Werte
für die einzelnen Individuen vorliegen) schon einige Informationen über die untersuchte Gruppe. Wir wissen nun, daß
es sich nicht um eine Versammlung von Kleinkindern und wahrscheinlich auch nicht um einen "Club der Dürren" handelt.
Aber berücksichtigen wir den Mittelwert allein, können wir
nicht mit absoluter Sicherheit ausschließen, daß sich nicht
doch einige Säuglinge oder ein paar Leichtgewichte in der
untersuchten Gruppe befinden. Möglich wäre natürlich auch
ein gleiches Gewicht von 85 kg für alle Individuen. Wie
sehr die einzelnen Elferratsmitglieder von den 85 kg abweichen, kann man dem Mittelwert nicht ansehen. Auskunft
darüber geben Streuungsmaße, z. B. die Varianz und die
Standardabweichung. Die Varianz wird berechnet, indem die
Abweichungen der einzelnen Maße vom Mittelwert quadriert,
aufsummiert und durch die Anzahl der Meßwerte dividiert werden:

$$s_x^2 = \frac{\sum_{i=1}^{n} (x_i - \bar{x})^2}{n} \qquad (\ 3\ )$$

Die Quadratwurzel der Varianz wird als Standardabweichung
bezeichnet:

$$s_x = \sqrt{\frac{\sum_{i=1}^{n} (x_i - \bar{x})^2}{n}} \qquad (\ 4\ )$$

Der Rechengang ist der Tabelle 1 zu entnehmen (Tabelle 5
gibt ein Beispiel für gruppierte Daten). Für unseren Fall
errechnen wir eine Standardabweichung von 17,7 kg. Nun wissen wir, daß nicht alle Mitglieder das gleiche Gewicht haben, sondern mehr oder weniger große Abweichungen vom Mittelwert vorliegen.

Sind die einzelnen Merkmalsausprägungen bekannt - wie in unserem Fall -, können wir sie unter Berücksichtigung dieser Maßzahlen interpretieren. Schmitzinski besitzt also genau das Durchschnittsgewicht, während Schmitz I mit seinem Gewicht etwas über, Schulz etwas unter dem Mittelwert liegt und bei Schmitz II von einer "Standardabweichung" nicht mehr die Rede sein kann.

Liegen einzelne Meßwerte von den Mitgliedern eines zweiten Elferrates vor (Tabelle 2), dann kann man - selbst bei einer so relativ kleinen Zahl - nicht auf den ersten Blick entscheiden, welche Gruppe im Schnitt die gewichtigeren Mitglieder hat. Durch eine Reduktion der Daten auf den Mittelwert läßt sich die Frage aber leicht entscheiden. Was man aus den

<u>Tabelle 2:</u>

	Elferrat Narrenzunft (kg)	Elferrat Grielächer (kg)
01	59	115
02	80	100
03	77	97
04	90	69
05	110	85
06	100	95
07	70	64
08	120	70
09	75	100
10	69	75
11	85	65
	$\bar{x} = 85$	$\bar{x} = 85$
	$s_x = 17,7$	$s_x = 16,6$

einzelnen Meßwerten nicht erkennt: das Durchschnittsgewicht ist gleich, und die Streuung der einzelnen Maßzahlen ist im Elferrat "Grielächer" geringer. (Ein Vergleich der Standardabweichung ist aber nur möglich, wenn den folgenden - in unserem Fall erfüllten - Bedingungen genügt wird: gleiche Fallzahl in den verschiedenen Gruppen und gleich großer Mittelwert!)

1.2.1. <u>Die Standardisierung</u>

Um das Verständnis für die folgenden Ausführungen zu erleichtern, soll ganz kurz dargestellt werden, was unter "Standardisierung" zu verstehen ist.

Wenn wir von einem Schüler z. B. einen Testwert von 3 kennen, dann können wir mit dieser Information wenig anfangen. Wir wissen nicht, ob die Testperson auf das Ergebnis stolz sein kann oder nicht. Aussagekräftig wird diese Zahl erst, wenn sie in Relation zu anderen gesetzt wird, wenn wir wissen, welchen Wert die übrigen Schüler bekommen haben oder wenn wir ihn mit dem Mittelwert $\bar{x}$ vergleichen. Dann kann man sagen, der Schüler hat eine durchschnittliche oder aber eine überdurchschnittliche Leistung vollbracht. In unserem Fall (vgl. Tabelle 3) kann der Schüler mit einer durchschnittlichen Leistung aufwarten. Sein Wert entspricht genau dem Durchschnitt.

Tabelle 3:

Schüler	Testergebnis
1	1
2	3
3	5
4	4
5	2
	$\bar{x} = 15:5 = 3$ $s_x = 1,414$

Eine Möglichkeit, die relative Lage einer Maßzahl in einer
Verteilung anzugeben, erlaubt die Transformation der Zahlen
in sogenannte z-Werte. Der z-Wert gibt die Abweichung der
Maßzahlen vom Mittelwert in Einheiten der Standardabweichung
an. Der z-Wert von Schüler 3 zum Beispiel beträgt 1,414.

$$z = \frac{x_1 - \bar{x}}{s_x} = \frac{5 - 3}{1.414} = \frac{2}{1.414} = 1,414 \qquad\qquad (\ 5 \ )$$

Wie vorteilhaft dieser z-Wert ist, wird besonders deutlich,
wenn wir einen Blick auf Tabelle 4 werfen. Hier sind die
Ergebnisse eines weiteren Tests angeführt. Aufgrund der
einzelnen Testwerte kann man schwerlich bestimmen, ob
Schüler 3 besser bei Test 1 oder besser bei Test 2 abgeschnitten hat. Die Punktzahlen (Test 2: 22 P, Test 1: 5 P)
legen zunächst die Vermutung nahe, daß Test 2 positiver für
ihn ausgefallen ist. Aber trotzdem geht aus der Tabelle hervor, daß er besser bei Test 1 abgeschnitten haben muß; hier
hat er den höchsten aller zu beobachtenden Punktwerte erreicht. Beim Vergleich der einzelnen Werte sollten also die
Testergebnisse der ganzen Gruppe berücksichtigt werden.

Tabelle 4:

Schüler	Test 1	Test 2	z_1	z_2
1	1	30	-1,41	1,67
2	3	15	0,00	-0,83
3	5	22	1,41	0,33
4	4	20	0,71	0,00
5	2	13	-0,71	-1,17
	$\bar{x} = 3$ $s_x = 1,4$	$\bar{x} = 20$ $s_x = 6$	$\sum_{i=1}^{5} = 0,00$	$\sum_{i=1}^{5} = 0,00$

Die Distanz zum Mittelwert allein kann auch nicht ausschlag-
gebend sein. In beiden Fällen liegt der Schüler um zwei
Punkte über dem Mittelwert, aber relativ zur gesamten Schü-
lergruppe liegt er besser bei Test 1. Standardisieren wir
die Testergebnisse, geht aus den Werten eindeutig hervor,
daß Schüler drei bei Test 1 erfolgreicher war als bei Test
2. Auf zwei Charakteristika der z-Werte sei noch hingewiesen:

1. Die Summe aller z-Werte einer Verteilung ist
   immer 0.

2. Die Varianz bzw. Standardabweichung der z-Werte einer
   Verteilung ist immer 1.

$$s_z^2 = s_z = 1$$

2. Die Normalverteilung

<pre>
                      Die
                   Normalver
                teilung besit
              zt zentrale Bed
            eutung für die In
          ferenzstatistik. Um
        das Verständnis für die
      folgenden Ausführungen zu erl
    eichtern, sollen zunächst ihre wichti
 gsten Charakteristika aufgeführt und diskutiert werden.
</pre>

Aus der deskriptiven Statistik kennen wir verschiedene mögliche Verteilungsformen eines Merkmals. Stellt man z. B. die in Tabelle 5 (Seite 39) vorliegende Häufigkeitsverteilung graphisch dar, ergibt sich folgendes Histogramm (Abb. 1).

Auf einer Merkmalsdimension (Gewicht) gibt es eine Vielzahl von Merkmalsausprägungen, die wir in unserem Fall zu Klassen zusammengefaßt haben und die eine unterschiedlich hohe Besetzungszahl aufweisen. Das heißt, gemessen an der gesamten Beobachtungszahl gibt es relativ wenig Individuen mit einem Gewicht von 0 bis 20 kg und 100 bis 120 kg, aber viele mit einem Gewicht von 40 bis 60 kg.

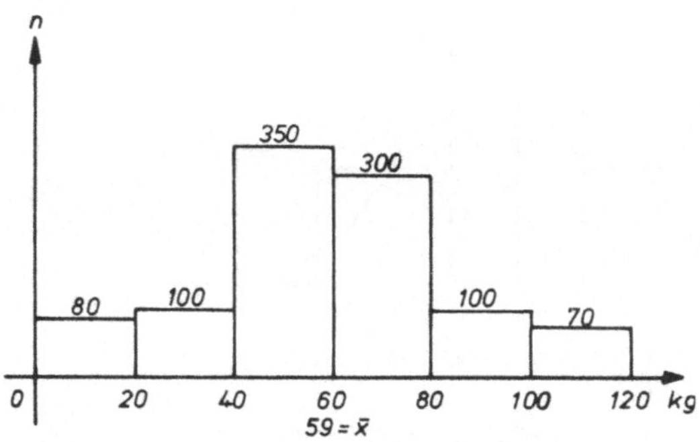

Abb. 1. Darstellung einer Merkmalsverteilung (Gewicht) durch ein Histogramm

Nun gibt es eine ganze Anzahl empirischer Verteilungen, das
heißt beobachtbarer Daten (z. B. Größe und Gewicht des Menschen, Geburtenziffern, Assoziations-, Schreib- und Rechen-
geschwindigkeit, Ergebnisse von Leistungsprüfungen usw.), die
sich entlang einer Merkmalsdimension in ganz charakteristi-
scher Weise (Abb. 2) verteilen. Das Intervall, in dem der
Mittelwert liegt, besitzt die größte Besetzungszahl, während die Besetzungszahlen der angrenzenden Intervalle immer
kleiner werden - und zwar symmetrisch. Mit wachsendem N
der Grundgesamtheit könnte man die Intervalle immer weiter
verkleinern (Abb. 3), bis bei einer unendlich großen Grundgesamtheit sich schließlich eine (theoretische) Verteilung
der Merkmale nach Abb. 4 ergibt - eine Normalverteilung oder
auch Gaußsche Kurve, die sich durch besondere Eigenschaften
auszeichnet:

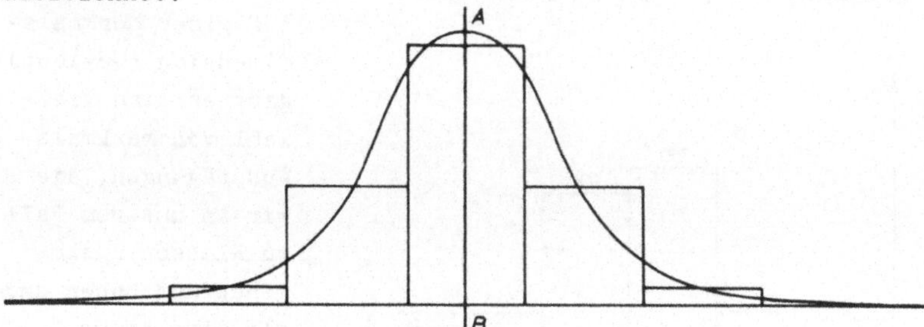

Abb. 2. Darstellung eines normal verteilten Merkmals
        durch ein Histogramm

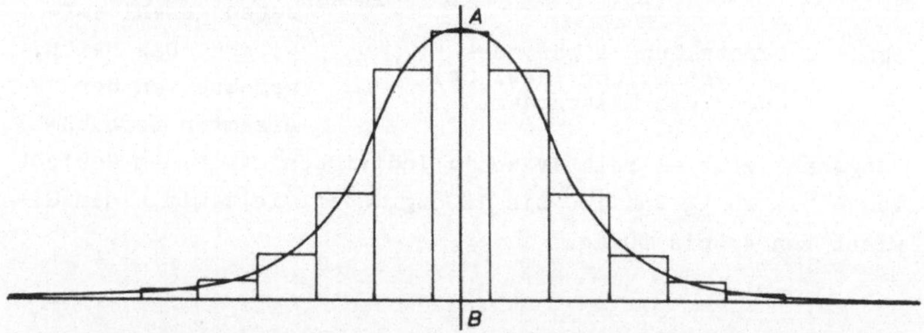

Abb. 3. Durch Verkleinerung der Intervalle wird die Normalver-
        teilung des Merkmals immer deutlicher

1. Sie ist symmetrisch eingipflig. Klappen wir z. B. den
   rechten Teil um die Achse AB, so kommt er mit dem linken
   Teil vollkommen zur Deckung.

2. Das heißt aber auch, daß arithmetisches Mittel, Modus
   und Median zusammenfallen.

3. Die Kurvenenden nähern sich asymptotisch der Abszisse.

4. Die beiden steilsten Punkte der Kurve (Wendepunkte) liegen bei dem Mittelwert (μ) plus 1 Standardabweichung bzw.
   minus 1 Standardabweichung ($\mu+\sigma$, $\mu-\sigma$).

5. Durch die Kenntnis der Kurvengleichung läßt sich genau
   bestimmen, wieviel Prozent der Fälle in bestimmten Ab-
   schnitten der Normalverteilung liegen. So liegen im Bereich

   $\mu \pm 1\sigma$:   68,3 % aller Fälle

   $\mu \pm 2\sigma$:   95,5 % aller Fälle

   $\mu \pm 3\sigma$:   99,7 % aller Fälle

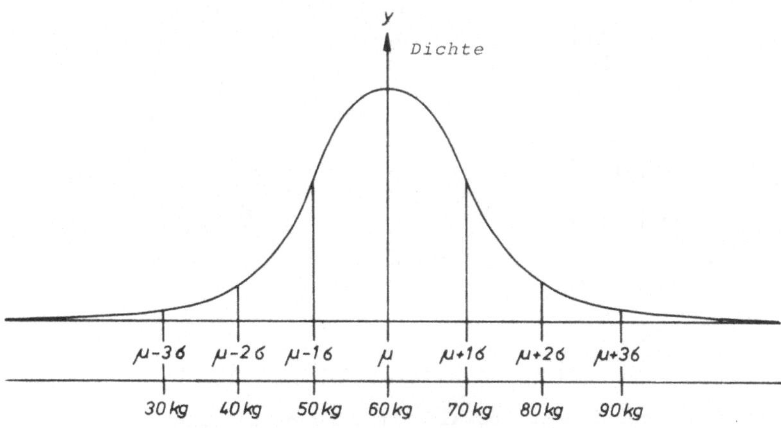

Abb. 4. Beispiel einer Normalverteilung - die (hypothetische)
Verteilung des Merkmals Gewicht der bundesrepublikanischen Bevölkerung

Nun kann die Normalverteilung, je nachdem welches Merkmal
beobachtet wurde, eine unterschiedliche Form annehmen. Bei
geringer Standardabweichung wird die Normalverteilung
schmal, bei wachsender Standardabweichung breiter und flacher.

So ist in Abb. 5 $\sigma_1 < \sigma_2$. Dementsprechend ist die Normalverteilung NV_1 schmaler als die Normalverteilung NV_2. Beide
Verteilungen haben den gleichen Mittelwert μ_1. NV_3 unterscheidet sich von NV_1 und NV_4 von NV_2 nur durch ihren Mittelwert μ. Es gibt also eine Vielzahl von Normalverteilungen, nämlich für jede Kombination von Mittelwert und
Standardabweichung eine. Unabhängig von den unterschiedlichen Standardabweichungen und Mittelwerten liegen in dem
Bereich $\mu \pm 1\sigma$ jeweils 68,3 % aller Fälle.

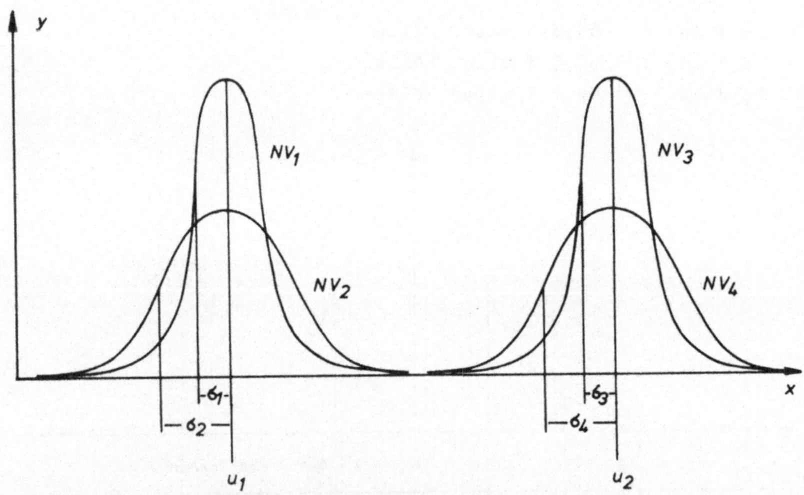

Abb. 5. Verschiedene Normalverteilungen, die sich durch
die Standardabweichung und durch ihre Lage auf
der Abszisse unterscheiden

An dieser Stelle sei eine Korrektur des bisher Gesagten vorgenommen. Wenn wir behauptet haben, daß viele empirische Verteilungen Normalverteilungen sind und damit den oben angeführten Bedingungen genügen, dann traf das nicht die volle Wahrheit. Die empirischen Verteilungen genügen nur annähernd den Bedingungen der Normalverteilung. Häufig sind sie mehr oder weniger rechts- oder linksschief. Meist nähern sich die Kurvenenden nicht asymptotisch der x-Achse. Das heißt, es gibt keine Merkmalsausprägungen, die beliebig weit vom Mittelwert entfernt liegen. Wenn sich jedoch die empirische Verteilung nicht allzu weit von dem beschriebenen Ideal entfernt, spricht man trotzdem von einer Normalverteilung der Merkmale und wendet Schlußverfahren an, die eben diese Normalverteilung voraussetzen.

Setzt man "normale" Verteilung der Merkmale voraus, dann kann also angegeben werden, wieviel Prozent der Fälle in einen bestimmten Bereich um den Mittelwert fallen. Diese Berechnung ist deshalb möglich, weil alle Normalverteilungen derselben Formel genügen (wie z. B. auch alle Kreise derselben Formel genügen). Sie lautet:

$$y = f(x) = \frac{1}{\sigma \sqrt{2\pi}} \cdot e^{-\frac{1}{2}\left(\frac{x-\mu}{\sigma}\right)^2} \qquad\qquad (\ 6 \ )$$

y ist also eine Funktion von x. Das heißt, nach dieser vorliegenden Formel kann ich für jeden x-Wert (Merkmalsausprägung) die zugehörige Ordinate bestimmen. Wie aus der Kurvengleichung hervorgeht, ist die Normalverteilung durch die Parameter μ und σ vollkommen definiert, da alle anderen Zeichen Konstanten sind, einschließlich π (3,14) und e (Eulersche Zahl oder Basis der natürlichen oder Napierschen Logarithmen = 2,72).

Um etwas Gewandtheit beim Umgang mit der Normalverteilung
und deren Implikationen zu gewinnen, soll anhand dieser Kurvengleichung eine Normalverteilung in **standardisierter Form**
erstellt werden (die Darstellung stützt sich auf P. Neurath,
10, S. 155 ff). Von einer Standard-Normalverteilung sprechen
wir dann, wenn der Mittelwert $\mu = 0$ und die Standardabweichung $\sigma = 1$ ist.

Die Gleichung soll zuerst wie folgt vereinfacht werden:

$$\frac{1}{\sqrt{2\pi}} = \frac{1}{\sqrt{2 \cdot 3,14}} = \frac{1}{\sqrt{6,28}} = \frac{1}{2,506} = 0,399$$

Statt $\qquad$ können wir auch

$$e^{-\frac{1}{2}\left(\frac{x-\mu}{\sigma}\right)^2} \qquad\qquad \frac{1}{e^{\frac{1}{2}\left(\frac{x-\mu}{\sigma}\right)^2}} = \frac{1}{\sqrt{e^{\left(\frac{x-\mu}{\sigma}\right)^2}}}$$

schreiben. Die etwas veränderte, aber mit der oben angeführten Formel bedeutungsgleiche Gleichung hat nun folgende
Form:

$$y = \frac{1}{\sigma} \cdot 0,399 \cdot \frac{1}{\sqrt{e^{\left(\frac{x-\mu}{\sigma}\right)^2}}}$$

oder

$$y = \frac{0,399}{\sigma} \cdot \frac{1}{\sqrt{e^{\left(\frac{x-\mu}{\sigma}\right)^2}}}$$

Nun kann für beliebig viele x-Werte der Ordinatenwert auf
relativ einfache Weise bestimmt werden.

Zur Illustration soll ein x-Wert gewählt werden, der vom Durchschnitt μ jeweils 0, 1, 2, 3 Standardabweichungen nach oben oder unten entfernt liegt. Wir erinnern uns, in unserem Fall soll $\mu = 0$ und $\sigma = 1$ betragen. Die vier x-Werte, für die der zugehörige y-Wert errechnet werden soll, lauten also:

$$\mu \pm 0\sigma = 0 \pm 0 = 0$$
$$\mu \pm 1\sigma = 0 \pm 1 = \pm 1$$
$$\mu \pm 2\sigma = 0 \pm 2 = \pm 2$$
$$\mu \pm 3\sigma = 0 \pm 3 = \pm 3$$

a) Damit ergeben sich für den Ausdruck $\left(\frac{x-\mu}{\sigma}\right)^2$ folgende Werte:

$$\left(\frac{x-\mu}{\sigma}\right)^2 = 0^2, \ (\pm 1)^2, \ (\pm 2)^2, \ (\pm 3)^2 = 0, 1, 4, 9.$$

b) e ist wie $\frac{1}{\sqrt{2\pi}}$ ebenfalls eine Konstante, und zwar die Basis der natürlichen Logarithmen (Grenzwert von $(1+\frac{1}{N})^N$) = 2,71828. Für den Ausdruck

$$\frac{1}{\sqrt{e^{\left(\frac{x-\mu}{\sigma}\right)^2}}}$$

ergeben sich somit folgende Lösungen:

$$\frac{1}{\sqrt{2,71828^0}} \ ; \ \frac{1}{\sqrt{2,71828^1}} \ ; \ \frac{1}{\sqrt{2,71828^4}} \ ; \ \frac{1}{\sqrt{2,71828^9}} =$$

$$\frac{1}{1} \ ; \ \frac{1}{1,65} \ ; \ \frac{1}{7,39} \ ; \ \frac{1}{90}$$

$$1 \ ; \ 0,606 \ ; \ 0,135 \ ; \ 0,011 \ .$$

c) Da σ in unserem Beispiel 1 beträgt, lauten die voll-
   ständigen Lösungen:

$$y = \frac{0{,}399}{1} \cdot 1; \quad (0{,}606; \ 0{,}135; \ 0{,}011)$$

$$y = 0{,}399; \ 0{,}242; \ 0{,}054; \ 0{,}004$$

Für eine Normalverteilung mit σ = 1 und μ = 0 erhält man
also folgende Werte:

x	± 0	± 1	± 2	± 3
y	0,399	0,242	0,054	0,004

Berechnet man mehrere solcher Punkte, kommt man zu ungefähr
folgendem Diagramm einer Normalverteilung (Abb. 6):

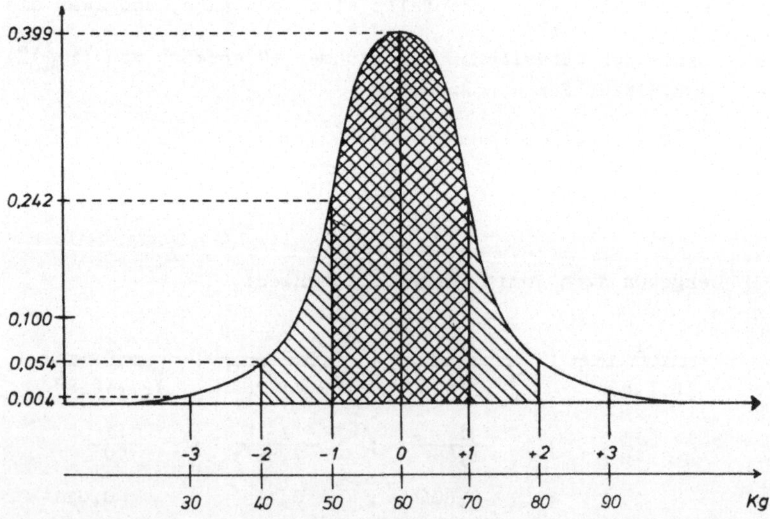

Abb. 6. Standardisierte Normalverteilung

Am Beispiel der Gewichtsverteilung in einer Population soll
diese Kurve noch einmal erläutert werden. μ ist wieder der
Mittelwert der Grundgesamtheit und soll 60 kg, σ , die Standardabweichung, soll 10 kg betragen. μ weist die größte Besetzungszahl auf. Individuen mit einem Gewicht größer oder
kleiner 60 kg treten relativ seltener auf. Wie groß die
Wahrscheinlichkeit für ein bestimmtes Gewichtsintervall ist,
d. h. wieviel Prozent der Population unter einem bestimmten
Kurvenabschnitt liegen, läßt sich durch einfaches Abzählen
der <u>Flächenteile</u> bestimmen:

F unter der gesamten Kurve = $m \cdot cm^2$ = 100 %
F unter dem interessanten Kurvenabschnitt = $n \cdot cm^2 = \frac{100 \cdot n}{m}$ %
m und n lassen sich abzählen. (Da also Flächenanteile die
Population repräsentieren und die Fläche über dem exakten
Wert gleich Null ist, ist die Wahrscheinlichkeit, genau
einen Wert von 60 kg zu finden, ebenfalls Null. Der Satz
"μ weist die größte Besetzungszahl auf", wie er oben angeführt wurde, ist also unkorrekt. Wir müssen zumindest einen
kleinen Bereich um μ definieren, um Wahrscheinlichkeiten
angeben zu können. (Daß wir in der Praxis trotzdem 60 kg
schwere Menschen finden, liegt an unseren ungenauen Meß-
methoden.)

<u>Beispiel:</u> Wieviel Prozent der Gesamtbevölkerung haben ein
Gewicht, das in den Bereich $\mu \pm 1\sigma$ fällt? In unserem hypothetischen Beispiel hatten wir einen Mittelwert von 60 kg
und eine Standardabweichung von 10 kg angenommen. Unser σ
beträgt also 10 kg. Aus unserem Diagramm läßt sich ablesen,
daß ungefähr 70 % der Gesamtbevölkerung ein Gewicht haben
müssen, das zwischen 50 und 70 kg liegt (doppelt schraffierte
Fläche). Ungefähr 95 % der Bevölkerung haben nach unserem
Diagramm ein Gewicht, das zwischen 40 und 80 kg liegt
($\mu \pm 2\sigma$). Genauso könnte man auch für Zwischenwerte (0,5σ;
1,5σ etc.) den Flächeninhalt ablesen.

Ein Bestimmen durch Abzählen ist natürlich sehr ungenau.
Die Fläche unter einer Kurve (bzw. unter einem Kurvenabschnitt) kann aber bekanntlich durch Integration genau ermittelt werden. Bei einer so schwierigen Formel, wie sie
die Normalverteilung hat, ist diese Berechnung jedoch sehr
mühsam.

Für eine bestimmte Normalverteilung hat man nun genaue Tabellen aufgestellt, aus denen man die Flächenanteile für
Vielfache (bzw. Bruchteile) von Standardabweichungen ablesen kann. Die Werte für diese Flächenanteile wurden durch
Integrieren der Ordinate errechnet. Es handelt sich um die
Normalverteilung mit den Werten $\mu = 0$ und $\sigma = 1$, die wir
wie folgt kennzeichnen wollen: N(0,1).

Tabelle I (Tabellen mit römischen Zahlen befinden sich im
Anhang) enthält die Fläche dieser Normalverteilung zwischen
μ (mit dem Wert 0) und verschiedenen Vielfachen bzw.
Bruchteilen der Standardabweichung (mit dem Wert 1). Die
σ-Werte geben in dieser speziellen Normalverteilung die
Abszissenwerte der Kurve an; sie werden im folgenden z-Werte
genannt.

Beispiel: Welcher Flächenanteil liegt zwischen der Ordinate
über dem Mittelwert μ und der Ordinate im Abstand von einer Standardabweichung (z = 1)?

Antwort: 0,34 bzw. 34 %.

Da die Normalverteilung symmetrisch ist, liegt sowohl zur
rechten als auch zur linken von μ bis zur Ordinate im Abstand von einer Standardabweichung (z = ±1) ein Flächenanteil von 34 %. Der Flächenanteil im Bereich von $\mu \pm 1z$
beträgt also 68 %.

Die Tabelle hat nun nicht nur Aussagekraft für eine Normalverteilung mit $\mu = 0$ und $\sigma = 1$. Sie kann vielmehr als
standardisierte Tabelle für alle möglichen Normalverteilungen benutzt werden; die Werte einer beliebigen Normalverteilung müssen dazu lediglich umgerechnet (transformiert) werden.

Zurück zu unserer Verteilung der Körpergewichte. Hier hatten
wir eine Standardabweichung von $\sigma = 10$ kg und einen Mittelwert von $\mu = 60$ kg errechnet. Die Frage, wieviel Prozent
der Bevölkerung ein Gewicht zwischen 45 und 75 kg besitzt,
läßt sich nun wie folgt beantworten:

Wir bestimmen zunächst, wie weit die Grenzen des fraglichen
Intervalls vom Mittelwert unserer Verteilung entfernt sind:

$$x_1 - \mu = 45 - 60 = -15; \quad x_2 - \mu = 75 - 60 = 15; \quad x-\mu = \pm 15$$

Dieses Ergebnis wird nun an der Standardabweichung gemessen,
d. h. durch die Standardabweichung dividiert:

$$\frac{x-\mu}{\sigma} = \frac{15}{10} = \pm 1,5$$

Damit haben wir den z-Wert bestimmt, d. h. wir haben einen
Wert unserer Normalverteilung standardisiert. Wir haben ihn
also auf die Standardnormalverteilung (7) mit $\mu = 0$ und
$\sigma = 1$ bezogen:

$$z_x = \frac{x-\mu}{\sigma} \qquad\qquad\qquad (\; 7 \;)$$

Denn nur für standardisierte Werte können wir anhand der Tabelle I bestimmen, wieviel Prozent aller Fälle in einen bestimmten Bereich fallen. Wir haben zwei Abszissenwerte (x-
Werte) unserer Normalverteilung mit dem Mittelwert $\mu = 60$ kg

und der Standardabweichung σ = 10 kg linear transformiert.
Als erstes haben wir von den Merkmalsausprägungen 45 kg und
75 kg jeweils 60 kg subtrahiert. Das heißt, wir haben sie
um 60 Einheiten auf der Abszisse nach links geschoben. Anschließend haben wir jede Differenz (-15 und +15) durch die
Standardabweichung σ dividiert. Dadurch wurden beide Werte näher an den Koordinatenursprung gerückt, nämlich einmal von -15 auf -1,5 und einmal von 15 auf 1,5. Die Abbildung 7 gibt einen Eindruck von dem Vorgang der Transformation. Die Kurve rechts hat eine Standardabweichung, die
größer ist als eins. Wäre die Standardabweichung kleiner
als eins gewesen, dann wäre die Ausgangsverteilung bei der
Transformation weiter auseinandergezogen worden, weil
der Quotient aus x-μ und der Standardabweichung σ dann
größer als die Differenz von x und μ geworden wäre.

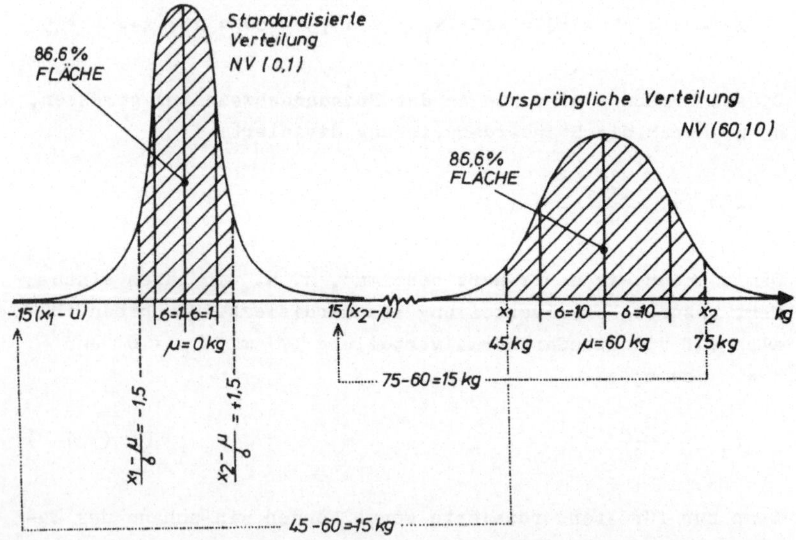

Abb. 7. Darstellung der Transformation einer Normalverteilung mit dem Mittelwert 60 kg und der Standardabweichung von 10 kg in eine standardisierte Form

Bei einer Standardabweichung von genau eins wäre die Ausgangsverteilung in ihrer Form unverändert geblieben und nur um 60 Einheiten nach links verrückt worden. Für unsere Standard-Normalverteilung können wir nun anhand der Tabelle I bestimmen, wieviel Prozent der Fläche zwischen dem Mittelwert $\mu = 0$ und der Ordinate im Abstand 1,5 vom Mittelwert liegt. Wir finden für den z-Wert von 1,5 in Tabelle I einen Wert von 0,433. Das sind also 43,3 % der Gesamtfläche. Damit haben wir aber nur die Fläche zwischen der Ordinate über dem Mittelwert μ und der Ordinate über $\mu + 1,5$ bzw. - übertragen auf unseren speziellen Fall - die Fläche zwischen der Ordinate über 60 kg und 75 kg abgegrenzt. Da wir aber nicht nur wissen wollen, wieviel Prozent der Bevölkerung ein Gewicht zwischen 60 und 75 kg auf die Waage bringen, sondern auch den Anteil nennen wollen, der zwischen 45 kg und 60 kg wiegt, müssen wir den abgelesenen Betrag mit zwei multiplizieren. Als Ergebnis erhalten wir also, daß 86,6 % der Bevölkerung ein Gewicht aufweisen, das zwischen 45 kg und 75 kg liegt. Damit haben wir auch schon die Frage beantwortet, wie groß die Wahrscheinlichkeit ist, daß ein Bewohner der BRD ein Gewicht hat, das entweder unter 45 kg oder über 75 kg liegt, nämlich:

$$1 - (2 \cdot 0,433) = 0,134 = 13,4 \ \%$$

3. Schließverfahren für quantitative Variablen

3.1. Der Repräsentationsschluß, das Schließen vom Mittelwert des Samples ($\bar{x}$) auf den Parameter der Grundgesamtheit (μ)

Der Repräsentationsschluß wird wohl in der Praxis am häufigsten von allen Schlußverfahren verwendet. Deshalb soll das Prinzip der Schlußverfahren an diesem Beispiel erläutert werden. Die Parameter der Grundgesamtheit seien uns also unbekannt. Wir versuchen sie aufgrund der Maßzahlen, die wir für eine Zufallsauswahl aus eben dieser Population errechnet haben, zu schätzen. Es wird uns zwar nicht gelingen, den Parameter μ exakt zu schätzen, wir werden aber einen Bereich angeben können, ein Intervall, das mit ziemlich großer Sicherheit (Wahrscheinlichkeit) den Parameter umfaßt.

3.1.1. Normalverteilung als Prüfverteilung

Anläßlich einer Untersuchung wurde eine Zufallsauswahl von n = 1000 Personen aus der Grundgesamtheit (Bev. der BRD) gezogen. Diese Personenzahl zeigt die in Tabelle 5 dargestellte Gewichtsverteilung für die verschiedenen Merkmalsklassen. Es wurde für diese Auswahl ein durchschnittliches Gewicht von 59 kg und eine Standardabweichung von 24,88 kg errechnet.

Tabelle 5:

(1) Gewicht	(2) Häufig- keit (f)	(3) Klassen- mitte (x)	(4) fx	(5) $(x-\bar{x})$	(6) $(x-\bar{x})^2$	$(2)\cdot(6)=(7)$ $f(x-\bar{x})^2$
0- 20 kg	80	10	800	-49	2401	192080
20- 40 kg	100	30	3000	-29	841	84100
40- 60 kg	350	50	17500	- 9	81	28350
60- 80 kg	300	70	21000	11	121	36300
80-100 kg	100	90	9000	31	961	96100
100-120 kg	70	110	7700	51	2601	182070
$\sum$ 1000			59000 $\sum$ fx			619000 $\sum(f(x-\bar{x})^2)$

$$\bar{x} = \frac{\sum fx}{n} = \frac{59000}{1000} = 59 \text{ kg}$$

$$s_x^2 = \frac{\sum(f(x-\bar{x})^2)}{n} = \frac{619000}{1000} = 619$$

$$s_x = \sqrt{s_x^2} = \sqrt{\frac{\sum(f(x-x)^2)}{n}} = \sqrt{619} = 24,88 \text{ kg}$$

Die Frage, die im folgenden untersucht werden soll, lautet:
Wie groß mag das Durchschnittsgewicht in der Gesamtgruppe
sein? Oder allgemeiner: Wie lassen sich Beobachtungsdaten,
die aus einem Sample errechnet werden, verallgemeinern?

1. Wir gehen bei unserer Darstellung davon aus, daß das untersuchte Merkmal in der Grundgesamtheit <u>normalverteilt</u>
   ist. (Diese Bedingung kann - wie noch zu zeigen sein
   wird - unter bestimmten Voraussetzungen gelockert werden.) Das heißt, die Merkmale der einzelnen Individuen
   verteilen sich in der Grundgesamtheit ganz charakteri-
   stisch um den uns unbekannten Mittelwert μ. Viele Individuen werden durch eine Merkmalsausprägung ausgezeichnet,

deren Betrag genau (oder fast genau) so groß ist wie der
Durchschnittswert. Wie wir von der Diskussion der Normalverteilung her wissen, bringen genau 68,26 % der Grundgesamtheit ein Gewicht auf die Waage, das innerhalb des Be-

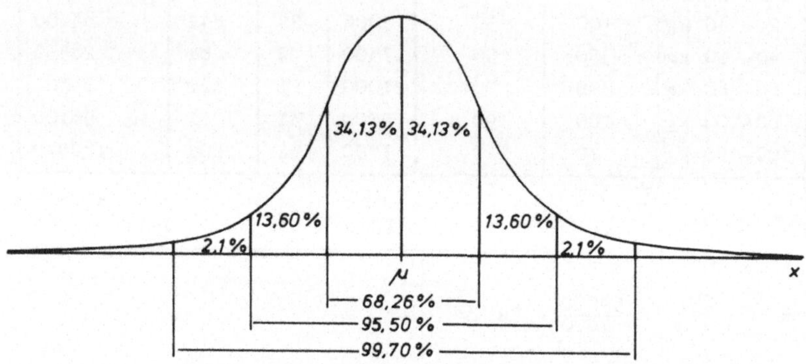

Abb. 8. Normalverteilung mit Angabe der Flächenanteile
(bzw. Anteile von Fällen), die zwischen Ordinaten liegen, die jeweils eine Standardabweichung
voneinander entfernt sind.

reiches $\mu \pm 1\sigma$ liegt. Die Formeln für die Berechnung des
arithmetischen Mittels bzw. der Standardabweichung lauten
mit der entsprechenden Symbolik für Grundgesamtheiten wie
folgt:

$$\mu = \frac{\Sigma x}{N} \qquad \text{(arithmetisches Mittel der Grundgesamtheit)} \qquad (8)$$

$$\sigma_x = \sqrt{\sigma x^2} = \sqrt{\frac{\Sigma (x-\mu)^2}{N}} \qquad \text{(Standardabweichung der Grundgesamtheit)} \qquad (9)$$

Individuen, die ein Gewicht besitzen, das größer als
µ + eine Standardabweichung bzw. kleiner als µ - eine
Standardabweichung ist, kommen relativ seltener vor. Wie
wir an der Normalverteilung ablesen können, sind die Häufigkeiten für diese x-Werte (Gewicht) geringer, die Or-
dinatenwerte werden kleiner. Nur noch 100 - 68,26 = 31,74 %
der Bevölkerung haben ein Gewicht, das außerhalb der Grenzen von µ ± 1σ liegt. Innerhalb des Bereichs µ ± 2σ
liegen sogar 95,5 % aller Individuen mit ihrem Gewicht.
Das heißt, daß in unserer Grundgesamtheit nur noch 4,5 %
der Individuen ein Gewicht besitzen, das außerhalb der
Grenzen von µ ± 2σ liegt. Diese Aussagen sind nur gültig,
wenn eine "normale" Verteilung der Merkmale vorliegt. Ob
das für das Merkmal Gewicht der bundesrepublikanischen
Bevölkerung tatsächlich zutrifft, wurde hier nicht nach-
gewiesen.

2. Wenn wir nun <u>ein einziges Sample</u> von der Größe n aus
dieser Grundgesamtheit nach dem Zufallsprinzip ziehen,
dann können wir wieder für dieses Sample ein arithmetisches Mittel und eine Standardabweichung berechnen. Hier-
für verwenden wir die Formeln (1) und (4).

$$\bar{x} = \frac{\sum x}{n} \tag{1}$$

$$s_x = \sqrt{s_x^2} = \sqrt{\frac{\sum (x-\bar{x})^2}{n}} \tag{4}$$

Dieser Mittelwert $\bar{x}$ wird aber nur in den seltensten
Fällen mit dem Mittelwert in der Grundgesamtheit µ
übereinstimmen. Die Wahrscheinlichkeit jedoch, daß er
in der Nähe des Durchschnitts µ der Grundgesamtheit
liegt, ist groß. Denn geht man davon aus, daß eine Zufallsauswahl getroffen wurde, dann gehen Individuen in
der Regel gemäß dem Anteil, der auf eine bestimmte Aus-

prägung eines Merkmals entfällt, in das Sample ein. Das heißt: Individuen, die ein Gewicht besitzen, das dem Modalwert bzw. dem arithmetischen Mittel entspricht, werden relativ häufiger in der Grundgesamtheit auftauchen, ganz einfach, weil dieser Wert in der Grundgesamtheit die größte Besetzung aufweist. Je mehr die Grundeinheiten mit ihrem Gewicht vom Mittelwert μ abweichen, desto seltener sind sie (setzt man Normalverteilung voraus) in der Grundgesamtheit vertreten. Eine entsprechend geringere Chance haben wir, sie in unserem Sample wiederzufinden.

Wäre unser Sample wirklich eine verkleinerte Ausgabe der Grundgesamtheit, dürften in ihm z. B. nur 4,5 % ein Gewicht besitzen, das vom Mittelwert der Grundgesamtheit (μ) um ± 2 Standardabweichungen (σ) abweicht. Tatsächlich wird es aber nur selten vorkommen, daß unser Sample ein Spiegelbild der Grundgesamtheit darstellt. Ziehen wir ein zweites, drittes ....n-tes Sample, werden wir jeweils einen anderen Mittelwert $\bar{x}$ errechnen. Selbst wenn wir alle systematischen Fehler bei der Auswahl auszuschalten in der Lage wären, würde eine Variation des Mittelwertes zu beobachten sein, die als Zufallsvariation aufgefaßt werden kann und die es uns nicht erlaubt, den in einem Sample gefundenen Mittelwert als den wahren Mittelwert in der Grundgesamtheit zu betrachten.

3. Bei wiederholter Auswahl von Teilmassen können wir also eine Variation der Samplemittelwerte beobachten. Ziehen wir nach dem Zufallsprinzip (theoretisch) unendlich viele Samples (von der Größe z. B. n = 1000) und errechnen für diese Teilmassen jeweils den Mittelwert $\bar{x}$, dann können wir diese Maßzahlen in ein Koordinatensystem übertragen. Als Bild erhalten wir eine ganz bestimmte Verteilung dieser Mittelwerte:

Die <u>Mittelwerte</u> der unendlich vielen Samples bilden selbst
wieder eine Normalverteilung, bei der der Mittelwert aller
Mittelwerte $E(\bar{x})$ (Erwartungswert) dem <u>Mittelwert der
Grundgesamtheit</u> (μ) entspricht (vgl. Abb. 9). Dies sollte
eigentlich auch nicht weiter verwunderlich sein, wenn die
Samples zufällig ausgewählt wurden.

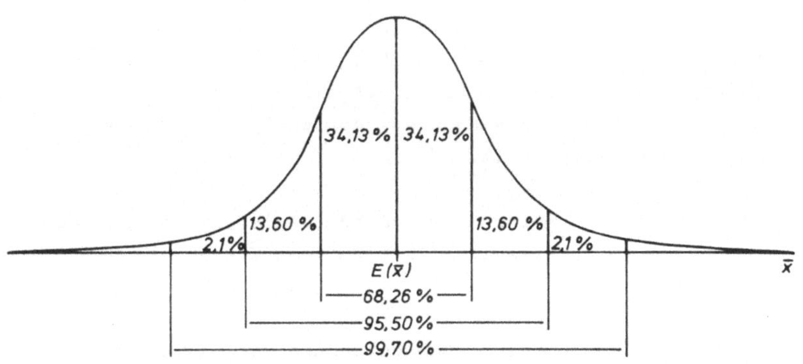

Abb. 9. Sampleverteilung - die Verteilung (unendlich vieler) Samplemittelwerte

Unsere Verteilung zeigt: Je größer die Differenz zwischen
$\bar{x}$ und μ ist, desto seltener kommen solche Sampledurchschnitte vor. Bzw., Sampledurchschnitte, die dem wahren
Mittelwert ähnlich sind, kommen relativ häufig vor. 68,26%
aller Samples fallen in den Bereich $\mu \pm 1$ Standardabweichung dieser Mittelwertsverteilung ($\sigma_{\bar{x}}$) . Sehr wahrscheinlich ist es schon, daß wir ein Sample gezogen haben,
dessen Mittelwert in den Bereich von $\mu \pm 2$ Standardabweichungen ($\sigma_{\bar{x}}$) fällt, denn 95 % der Sampledurchschnitte
fallen ja in diesen Bereich. Anders formuliert: Es besteht
eine Restwahrscheinlichkeit (oder ein Fehlerrisiko) von
5 %, daß wir ein Sample ziehen, dessen Mittelwert $\bar{x}$
größer als $\mu + 2$ Standardabweichungen der Mittelwerts-

verteilung oder kleiner als $\mu - 2$ Standardabweichungen der Mittelwertsverteilung ist.

Was wir allerdings im einzelnen als wahrscheinlich betrachten und was als unwahrscheinlich, ist Konvention. Es hat sich innerhalb der Sozialwissenschaften eingebürgert, eine Aussage, die mit 95 % Sicherheit zutrifft, für wahrscheinlich zu halten. In unserer Normalverteilung der Mittelwerte aller Samples fallen in den Bereich $\mu \pm 2$ Standardabweichungen ($\sigma_{\bar{x}}$) 95,5 % aller errechneten Mittelwerte. Daher bezeichnen wir es als wahrscheinlich, daß der Mittelwert des Samples, das wir gezogen haben, in diesen Bereich fällt.

Diese Konvention machen wir nun zur Basis unseres Schlußverfahrens vom Samplemittelwert auf den Mittelwert der Grundgesamtheit:

a) Wir ziehen <u>ein</u> Sample und berechnen den Mittelwert. Sehr wahrscheinlich (mit 95,5 %-iger Sicherheit) wird dieser Samplemittelwert im Bereich $\mu \pm 2$ Standardabweichungen (Standardabweichungen der Verteilung unendlich vieler Samplemittelwerte $\sigma_{\bar{x}}$) liegen.

b) Im <u>ungünstigsten</u> Fall kann er dann, wenn er größer ist als μ , im Punkte $\bar{x}_1$ liegen, nämlich 2 Standardabweichungen von μ entfernt (Abb. 10). Natürlich kann er auch weiter zur Mitte hin liegen und damit dem wahren Mittelwert der Grundgesamtheit eher entsprechen. Mit ungefähr 47,5 %-iger Sicherheit wird der Samplemittelwert aber zwischen μ und $\bar{x}_1$ liegen.

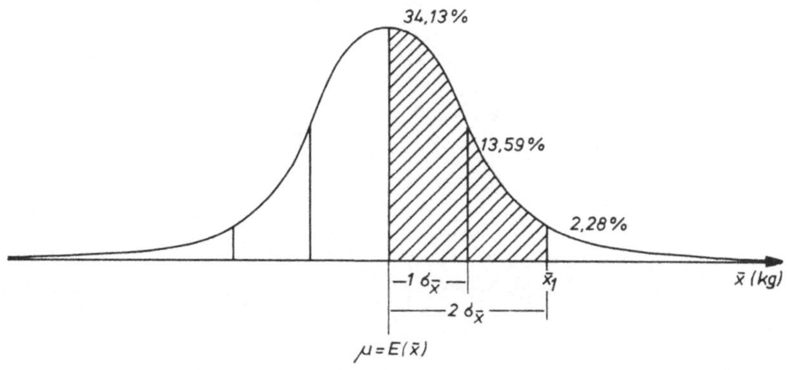

Abb. 10. Sampleverteilung von $\bar{x}$. In einem Massenexperiment werden nur 2,28 % aller Samplemittelwerte einen Wert von größer $\bar{x}_r$ haben

c) Ist der Samplemittelwert dagegen kleiner als μ , was wir natürlich nicht wissen, wird er im ungünstigsten Fall einen Wert erreichen, der $\bar{x}_1 = \mu - 2$ Standardabweichungen ($\sigma_{\bar{x}}$) beträgt (Abb. 11). Nach unserer Konvention ist es unwahrscheinlich, daß er weiter nach links liegt, also kleiner als $\bar{x}_1$ ist. Dafür besteht nur eine Wahrscheinlichkeit von $\sim 0{,}025$, d. h. unter hundert Fällen wird es ungefähr zweimal vorkommen (2,28 %).

Da die Kurve symmetrisch ist, besteht im ganzen eine Restwahrscheinlichkeit von ~ 5 % dafür, daß der gefundene Mittelwert außerhalb des Bereiches $\mu \pm 2$ Standardabweichungen liegt.

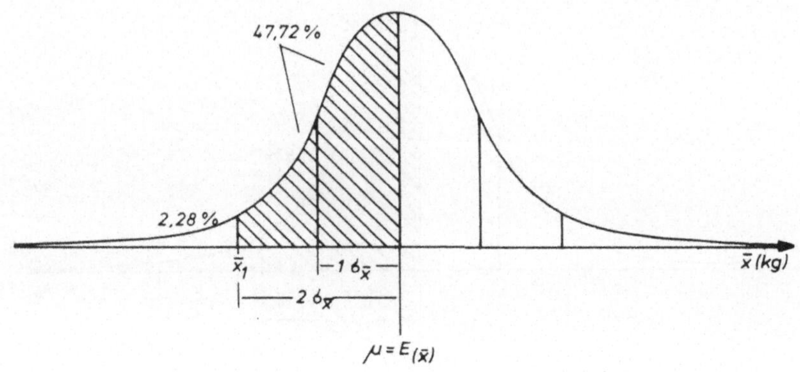

Abb. 11. Sampleverteilung von $\bar{x}$. In einem Massenexperiment werden nur 2,28 % aller Samplemittelwerte
einen Wert von kleiner $\bar{x}_1$ haben

d) Im ungünstigsten Fall kann der wahre Mittelwert der
Grundgesamtheit (μ) - nach unserer Konvention, daß
uns eine Sicherheit von 95 % als ausreichend erscheint -
also von unserem errechneten Samplemittelwert $\bar{x}_1$ im
Abstand von 2 Standardabweichungen ($\sigma_{\bar{x}}$) auf der
Merkmalsdimension liegen, und zwar einmal rechts von
$\bar{x}_1$, dann wäre die Sampleverteilung SV_1 die richtige
Verteilung, oder links von $\bar{x}_1$, dann wäre SV_2 die
korrekte Sampleverteilung (vgl. Abb. 12). Wir können
jedoch keinen Bereich angeben, innerhalb dessen der
Parameter mit absoluter Sicherheit liegt. Es bleibt
immer noch eine Restwahrscheinlichkeit von 0,05 %,
daß er außerhalb dieses Bereiches liegt. Mit 95 %-iger
Sicherheit (bei zwei Standardabweichungen eigentlich
95,5 %, allgemein verzichtet man aber auf die Erwäh-
nung von 0,5 %) liegt der Mittelwert der Grundgesamt-
heit innerhalb der Grenzen $\bar{x}_1 \pm 2\sigma_{\bar{x}}$. Das heißt, wäre
uns die Streuung der Verteilung aller (unendlich vieler)

Sampledurchschnitte bekannt, könnten wir die Vertrauensgrenze (den Vertrauensbereich) angeben, innerhalb derer der wahre Mittelwert der Grundgesamtheit mit einem Fehlerrisiko von 5 % zu vermuten wäre.

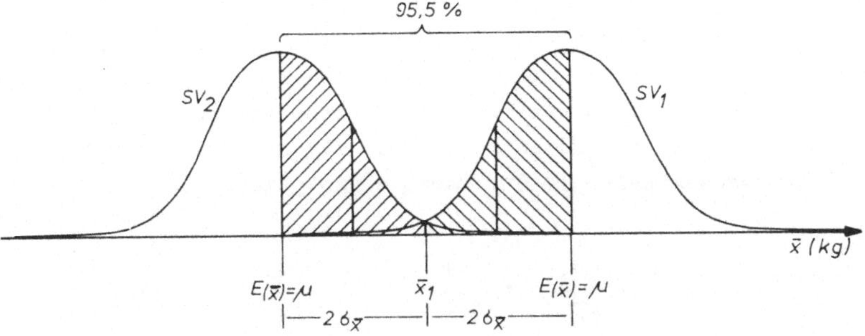

Abb. 12. Der Vertrauensbereich für einen Samplemittelwert $\bar{x}$. Mit 95 %-iger Sicherheit liegt der Parameter der Grundgesamtheit in den angegebenen Grenzen

e) Es läßt sich nun mathematisch bestimmen, daß die Standardabweichung der Verteilung aller Samplemittelwerte ($\sigma_{\bar{x}}$) (vgl. Abb. 9) wie folgt errechnet werden kann:[1]

$$\sigma_{\bar{x}} = \frac{\sigma_x}{\sqrt{n}} \qquad\qquad (\ 8 \ )$$

σ_x ist die Standardabweichung in der Grundgesamtheit, n ist der Sampleumfang. Da uns aber die Streuung in

---

[1] Wenn eine endliche Grundgesamtheit vorliegt, muß die rechte Seit von (8) eigentlich noch mit einem Faktor multipliziert werden, da diese Formel nur Gültigkeit hat, wenn die Population unendlich groß ist. Die Verzerrung ist aber zu vernachlässigen, wenn das Sample nicht mehr als 10 % der Grundgesamtheit ausmacht. Entsprechend wollen wir der Einfachheit und Übersichtlichkeit halber diesen Faktor ignorieren, uns aber der Einschränkung immer bewußt sein.

48

der Grundgesamtheit (σ_x) unbekannt ist, können wir $\sigma_{\bar{x}}$ nicht berechnen. Nun läßt sich aber nachweisen, daß bei genügend großem n (n $\gtreqless$ 30) die Standardabweichung in einem Sample ungefähr der der Grundgesamtheit entspricht, also:

$$\sigma_x \sim s_x \qquad\qquad (9)$$

Das heißt, wir betrachten die Standardabweichung unseres Samples als guten Schätzwert für den Parameter der Grundgesamtheit (σ_x) . Damit ergibt sich:

$$\sigma_{\bar{x}} = \frac{\sigma_x}{\sqrt{n}} \sim \frac{s_x}{\sqrt{n}} \qquad (10)$$

also:

$$\hat{\sigma}_{\bar{x}} = \frac{\sqrt{\dfrac{\sum\limits_{i=1}^{n}(x_1-\bar{x})^2}{n}}}{\sqrt{n}} \qquad (11)$$

In diesem Zusammenhang spricht man von der Schätzung der Standardabweichung $\sigma_{\bar{x}}$, die auch als Standardfehler eines Durchschnitts $\bar{x}$ bezeichnet wird. ($\sigma_{\bar{x}}$ ist also die tatsächliche Standardabweichung unserer Sampleverteilung und $\hat{\sigma}_{\bar{x}}$ die "Schätzung" dieser Abweichung.)[1]

f) Nun sind wir in der Lage, die Standardabweichung $\sigma_{\bar{x}}$ zu "schätzen" und den Bereich zu bestimmen, in dem mit 95 %-iger Sicherheit der Parameter der Grundgesamtheit zu vermuten ist.

---

1) Anmerkung s. S. 49

1) Anmerkung zu S. 48

---

1) s_x ist eigentlich noch eine recht ungenaue Schätzung
von σ_x. Eine bessere Schätzung erhalten wir, wenn
die Summe der quadrierten Abweichungen nicht durch n,
sondern durch (n-1) dividiert wird:

$$\hat{\sigma}_x = \sqrt{\frac{\sum_{i=1}^{n}(x_i-\bar{x})^2}{n-1}}$$

Um den Standardfehler unserer Sampleverteilung der unendlich vielen Mittelwerte noch genauer schätzen zu
können, müßten wir also wie folgt vorgehen:

$$\hat{\sigma}_{\bar{x}} = \frac{\hat{\sigma}_x}{\sqrt{n}} = \frac{\sqrt{\dfrac{\sum_{i=1}^{n}(x_i-\bar{x})^2}{n-1}}}{\sqrt{n}} = \sqrt{\frac{\dfrac{\sum_{i=1}^{n}(x_i-\bar{x})^2}{n-1}}{n}} =$$

$$= \sqrt{\frac{\sum_{i=1}^{n}(x_i-\bar{x})^2}{n(n-1)}} = \sqrt{\frac{\dfrac{\sum_{i=1}^{n}(x_i-\bar{x})^2}{n}}{\dfrac{n(n-1)}{n}}} = \sqrt{\frac{\dfrac{\sum_{i=1}^{n}(x_i-\bar{x})^2}{n}}{n-1}} =$$

$$= \frac{\sqrt{\dfrac{\sum_{i=1}^{n}(x_i-\bar{x})^2}{n}}}{\sqrt{n-1}} = \frac{s_x}{\sqrt{n-1}}$$

Bei einem genügend großen n wird dies jedoch kaum einen
Einfluß auf die Schätzung der Standardabweichung $\sigma_{\bar{x}}$
ausüben. "Genügend großes n" soll wieder heißen: n
gleich oder größer 30. Ist diese Bedingung erfüllt,
wollen wir also auf Formel (10) zurückgreifen.

Zurück zu unserem Beispiel der Gewichtsverteilung. Wir haben einen Mittelwert von 59 kg errechnet ($\bar{x}$). Die Standardabweichung s_x beträgt 24,88 kg. Bei unserer Schätzung des Parameters der Grundgesamtheit wollen wir ein Fehlerrisiko von 5 % zulassen. Der Vertrauensbereich (so nennt man häufig den Bereich, in dem der Parameter zu vermuten ist) läßt sich dann nach folgender Beziehung bestimmen:

$$\mu = \bar{x} \pm 2\hat{\sigma}_{\bar{x}} = \bar{x} \pm 2 \cdot \frac{s_x}{\sqrt{n}} = 59 \text{ kg} \pm 2 \cdot \frac{24,88}{\sqrt{1000}} =$$

$$59 \text{ kg} \pm 2 \cdot \frac{24,88}{31,6} = 59 \text{ kg} \pm 2 \cdot 0,78 \text{ kg} =$$

$$59 \text{ kg} \pm 1,6 \text{ kg} \tag{12}$$

<u>Ergebnis:</u> Mit 95 %-iger Sicherheit liegt der Mittelwert der Grundgesamtheit zwischen 57,4 kg und 60,6 kg.

Beim Schließen vom Samplemittelwert auf den Mittelwert der Population gehen wir also wie folgt vor:

$$\mu = \bar{x} \pm z\frac{s_x}{\sqrt{n}} = \bar{x} \pm z\sqrt{\frac{\Sigma(x-\bar{x})^2}{\frac{n}{n}}} \tag{13}$$

Das gleiche kann auch durch folgende Relation dargestellt werden, die den Vorteil hat, zusammen mit Abbildung 12 den Vorgang besonders deutlich zu machen:

$$\bar{x} - z\hat{\sigma}_{\bar{x}} \leq \mu \leq \bar{x} + z\hat{\sigma}_{\bar{x}} \tag{14}$$

Da wir $\sigma_{\bar{x}}$ nicht kennen, sondern schätzen müssen, schreiben wir:

$$\bar{x} - z\frac{s_x}{\sqrt{n}} \leq \mu \leq \bar{x} + z\frac{s_x}{\sqrt{n}} \quad , \tag{15}$$

wobei: n = Stichprobenumfang

    $\bar{x}$ = Mittelwert der Stichprobe

    s_x = Standardabweichung der Stichprobe

    z : durch z werden die Vertrauensgrenzen bzw. das Fehlerrisiko bestimmt (vgl. hierzu 2.)

      Für z = 1 kann ich Aussagen mit 68,26 % Sicherheit treffen (Fehlerrisiko 31,74 %);

      z = 2 kann ich Aussagen mit 95,5 % Sicherheit treffen (Fehlerrisiko 4,5 %);

      z = 3 kann ich Aussagen mit 99,7 % Sicherheit treffen (Fehlerrisiko 0,3 %).

Die Logik des Vorgehens läßt sich auch wie folgt darstellen: Von einem einzelnen Sample, das nach dem Zufallsprinzip aus der Grundgesamtheit gezogen wurde, errechnen wir den Samplemittelwert $\bar{x}$. "Sehr wahrscheinlich" (mit 95 %-iger Sicherheit) ist die Differenz zum wahren Mittelwert μ kleiner oder höchstens genauso groß wie 2 Samplestandardabweichungen (Standardfehler) $\sigma_{\bar{x}}$. Das heißt, der Wert des folgenden Quotienten wird im ungünstigsten Fall 2 betragen:

$$z = \frac{\mu - \bar{x}}{\hat{\sigma}_{\bar{x}}}$$

Also:

$$2 = \frac{\mu - \bar{x}}{\hat{\sigma}_{\bar{x}}}$$

Da wir nicht wissen, ob $\bar{x}$ größer oder kleiner als μ sein wird, kann der Wert positiv oder negativ sein:

$$\pm 2 = \frac{\mu - \bar{x}}{\hat{\sigma}_{\bar{x}}}$$

Wenn wir nach μ auflösen, ergibt sich die bekannte Formel (12)

$$\mu = \bar{x} \pm 2\hat{\sigma}_{\bar{x}}$$

und damit, falls wir das Signifikanzniveau noch nicht bestimmen wollen:

$$\mu = \bar{x} \pm z\hat{\sigma}_{\bar{x}}$$

bzw.

$$\mu = \bar{x} \pm z\frac{s_x}{\sqrt{n}}$$

Das entspricht genau der Formel (13).

Die Basis unseres hier dargestellten Schlußverfahrens beruht auf folgendem, in der angelsächsischen Literatur häufig als "central limit theorem" apostrophiertem Satz:

Wenn aus einer Grundgesamtheit (in der das interessierende Merkmal normalverteilt ist) mit dem Mittelwert μ und
der Varianz σ_x^2 unendlich viele Zufallsauswahlen mit dem
Umfang n gezogen werden, dann sind die Samplemittelwerte normalverteilt. Die Sampleverteilung hat dann den
Mittelwert μ und die Varianz $\frac{\sigma_x^2}{n}$.

Wenn der Sampleumfang n groß genug ist, können wir die
Bedingung, daß das Merkmal in der Grundgesamtheit normalverteilt sein muß, fallen lassen. Das heißt, wenn in
der Grundgesamtheit z. B. nur fünf Merkmalsausprägungen
zu beobachten sind (z. B. jeweils 1/5 der Personen mit
einem Gewicht von 10, 20, 30, 40 und 50 kg), dann ist die
Sampleverteilung der Mittelwerte unendlich vieler Zufallsauswahlen normalverteilt. Gemeinhin wird ein Sampleumfang von $n \gtrless 30$ für ausreichend gehalten.

Wollen wir also von unserer Samplemaßzahl $\bar{x}$ auf den
Parameter der Grundgesamtheit schließen, heben wir die
Restriktion, daß das Merkmal in der Grundgesamtheit normalverteilt sein muß, auf, vorausgesetzt, der Sampleumfang ist gleich oder größer 30.

Wir werden aber um so genauere Schätzungen machen können,
je größer wir den Sampleumfang wählen und je geringer
die Streuung des Merkmals in der Grundgesamtheit ist.
Das gilt unabhängig davon, ob Normalverteilung vorliegt
oder nicht. Unmittelbar einsichtig wird das aus Formel
(8). Unser Schätzfehler hängt einmal von der Standardabweichung in der Grundgesamtheit (σ_x) ab (Zähler von

Formel 8) und zum anderen von der Samplegröße n   (Nenner
der Formel 8). Je kleiner σ_x und je größer n ist, um
so kleiner ist unser Schätzfehler, um so schmaler ist unsere Sampleverteilung (Abb. 13: Grundgesamtheit normalverteilt) und um so enger ist der Bereich, in dem 95,5 %
aller unserer Samplemittelwerte liegen, das heißt, der Bereich der Merkmalsdimension, in dem der Mittelwert μ zu
suchen ist (Mutungsbereich).

Daß der Mutungsbereich von der Varianz der Grundgesamtheit und vom Sampleumfang bestimmt wird, geht auch aus
(11) hervor. Das Sicherheitsniveau ist ein dritter Ein-
flußfaktor. Wollen wir mit großer Sicherheit aussagen,
daß der Mittelwert μ in einem bestimmten Intervall
liegt, werden wir einen großen z-Wert wählen. Reicht uns

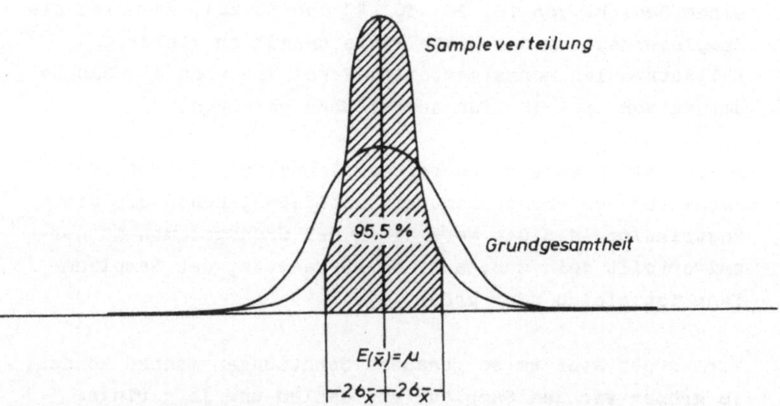

Abb. 13. Die Sampleverteilung der Samplemaßzahl $\bar{x}$ ist
schmaler als die Merkmalsverteilung in der
Grundgesamtheit. Die Standardabweichung der
Sampleverteilung wird durch die Streuung in
der Grundgesamtheit und durch den Sampleumfang
bestimmt.

eine Sicherheit von 95 %, müssen wir einen z-Wert von 1,96
(meist aufgerundet auf 2) in Formel (15) einsetzen. Reicht
uns eine Sicherheit von 68 %, setzen wir einen z-Wert von
1 ein. Damit wird unser Vertrauensbereich, in dessen Grenzen
wir den wahren Mittelwert vermuten, zwar eingeengt, aber wir
können nur Aussagen mit geringerer Sicherheit machen. Dürfen
wir im ersten Fall (z = 2) darauf hoffen, daß nur in fünf
von hundert Fällen der wahre Mittelwert außerhalb des Ver-
trauensbereichs liegt, sind es bei einem z-Wert von 1 schon
32 Fälle. Entscheiden wir uns für ein enges Vertrauensinter-
vall, müssen wir ein großes Fehlerrisiko (meist mit p bezeichnet) in Kauf nehmen. Legen wir Wert auf 99 %-ige
Sicherheit unserer Aussage, müssen wir bereit sein, einen
großen Vertrauensbereich zu akzeptieren.

<u>Beispiel</u>: Der Deutsche Sportbund erwägt die Einführung
einer Leistungsdatei aller organisierten Fußballspieler
über 18, in der verschiedene Merkmale der Spieler erfaßt
werden sollen. Wie aus gewöhnlich gut unterrichteten
Kreisen verlautet, interessiert auch der Wadenumfang der
Fußballer. Damit man eine ungefähre Vorstellung von den
zu erwartenden Maßen erhält (zwecks Reservierung einer
genügend großen Anzahl von Spalten auf den Lochkarten),
wird eine Zufallsauswahl aus der relevanten Grundgesamtheit getroffen und das entsprechende Maß erfaßt. Bei einem
Stichprobenumfang von n = 1000 ergeben sich folgende Werte:

Durchschnittlicher Wadenumfang ($\bar{x}$) : 44,0 cm

Standardabweichung   (s_x) : 4,5 cm

Bestimmen Sie den Vertrauensbereich des Parameters bei
einer Irrtumswahrscheinlichkeit von 0,05!

56

Bevor wir mit der Berechnung beginnen, ist jeweils zu prüfen, ob die Voraussetzungen, die das anzuwendende Schlußverfahren erfordert, auch erfüllt sind. Ferner muß jeweils
vorher das Signifikanzniveau bzw. die Restwahrscheinlichkeit bestimmt werden (vgl. hierzu S.103).

1. Verteilung in der Grundgesamtheit: Da $n \geq 30$, ist
   Normalverteilung nicht erforderlich. Wir brauchen uns
   über die Verteilung des Merkmals keine Gedanken zu machen.

2. Zufallsauswahl ist gewährleistet.

3. Wir wählen ein Fehlerrisiko von $p = 0,05$ (5 % Restwahrscheinlichkeit, $z = 2$).

4. <u>Rechengang:</u>
   Der Vertrauensbereich des Parameters beträgt bei einer
   Irrtumswahrscheinlichkeit von 0,05 (nach Formel 15):

$$\bar{x} - 2\sigma_{\bar{x}} \leq \mu \leq \bar{x} + 2\sigma_{\bar{x}}$$

$$\sigma_{\bar{x}} \text{ wird geschätzt: } \hat{\sigma}_{\bar{x}} = \frac{s_x}{\sqrt{n}}$$

Damit ergibt sich:

$$\bar{x} - 2\frac{s_x}{\sqrt{n}} \leq \mu \leq \bar{x} + 2\frac{s_x}{\sqrt{n}}$$

$$44,0 - 2\frac{4,5}{\sqrt{1000}} \leq \mu \leq 44,0 + 2\frac{4,5}{\sqrt{1000}}$$

$$44,0 - 0,285 \leq \mu \leq 44,0 + 0,285$$

Vertrauensbereich: $\underline{43,715 \leq \mu \leq 44,285}$

5. Das heißt, mit 95 %-iger Sicherheit umfaßt dieses Ver-
   trauensintervall den Parameter μ der Grundgesamtheit.

3.1.2. t-Verteilung als Prüfverteilung, n < 30

Wir haben unter Punkt 3.1.1. (S. 39 ff) darauf hingewiesen,
daß die Sampleverteilung der Maßzahl $\bar{x}$ normalverteilt ist,
sofern der Sampleumfang eine gewisse Größe erreicht und zwar
unabhängig davon, ob das Merkmal in der Grundgesamtheit normalverteilt ist oder nicht. Als hinreichend großen Sampleumfang haben wir uns für $n \geq 30$ entschieden (manche Autoren fordern einen von 100, aber die Verzerrungen sind bei
n = 30 schon so gering, daß die daraus resultierenden Fehler meist viel geringer sind als mögliche andere, die dem
Forscher z. B. bei der Messung oder bei der Auswahl unter-
laufen). Falls die Merkmalsverteilung in der Grundgesamtheit nicht normalverteilt ist, weicht die Sampleverteilung
der Samplemaßzahl $\bar{x}$ von der Normalform um so eher ab, je
kleiner der Auswahlumfang ist. Wollen wir trotzdem auf die
Normalverteilung als Prüfverteilung zurückgreifen, dann müssen wir bei Samples für n < 30 die Bedingung einführen,
daß das Merkmal in der Grundgesamtheit normalverteilt ist.
Denn selbst bei kleinem Auswahlumfang ist dann die Sampleverteilung der Maßzahl $\bar{x}$ normalverteilt. Oder anders formuliert: Ziehen wir aus einer normalverteilten Grundgesamtheit unendlich viele Zufallsauswahlen mit dem Umfang von
z. B. n = 15 (n muß in diesem Massenexperiment konstant
sein, kann aber irgendeine Zahl unter 30 sein, also auch
n = 1), dann sind die (unendlich vielen) Mittelwerte $\bar{x}$
auch normalverteilt. Der Mittelwert dieser Verteilung $E(\bar{x})$
entspricht wieder dem Mittelwert μ der Grundgesamtheit.
Wir können also auch bei kleinen Samples von den Samplemaßzahlen auf den Parameter der Grundgesamtheit schließen, müs-

sen aber Normalverteilung der Merkmale in der Population
voraussetzen.

Dies ist _ein_ Gesichtspunkt, der bei der Statistik der kleinen Samples berücksichtigt werden muß. Es gibt aber noch ein
zweites Problem, das aus dem geringen Sampleumfang resultiert. Wie wir schon auf Seite 48 betont haben, ist die
Standardabweichung unseres Samples s_x nur dann eine gute
Schätzung von σ_x, der Standardabweichung in der Grundgesamtheit, wenn n groß genug ist ($n \gtrsim 30$). Die Schätzung
wird auch dann nicht genau genug sein, wenn die Summe der
quadrierten Abweichungen vom Mittelwert nicht durch n,
sondern durch $(n - 1)$ dividiert wird, wenn wir also die
genauere Schätzformel für die Standardabweichung der Grundgesamtheit anwenden (vgl. Fußnote S. 49):

$$\overset{\wedge}{\sigma}_x = \sqrt{\frac{\sum_{i=1}^{n}(x_i-\bar{x})^2}{n-1}} \tag{16}$$

Der Mangel resultiert vielmehr aus den großen Schwankungen,
denen die Standardabweichung s_x bei kleinem n unter-
liegt. Und eben dies hat Konsequenzen.

Erinnern wir uns an die Ausführungen aus Kapitel 2. (S. 25 ff).
Dort haben wir die Normalverteilung (NV(60,10)) aller Merkmalsausprägungen linear transformiert. Wie diese lineare
Transformation vorgenommen wurde, geht aus Abb. 7 und Formel (7) hervor:

$$z_x = \frac{x - \mu}{\sigma} \tag{7}$$

Alle x-Werte wurden auf diese Weise linear transformiert.
Das Ergebnis ist die standardisierte Normalverteilung
NV (0,1).

Auch die Sampleverteilung der Abb. 9, die eine Normalverteilung aller Samplemittelwerte darstellt, läßt sich entsprechend in eine standardisierte Normalverteilung umformen:

$$z_{\bar{x}} = \frac{\bar{x} - E(\bar{x})}{\sigma_{\bar{x}}} \qquad (17)$$

Alle x-Werte können so linear transformiert werden. Das Ergebnis ist wiederum die standardisierte Normalverteilung
NV (0,1). Das heißt, die Maßzahl unserer standardisierten
Normalverteilung $z_{\bar{x}}$ ist normalverteilt - aber nur unter
einer bestimmten Bedingung: Wenn wir (17) mit (7) vergleichen, dann bemerken wir einmal eine Veränderung im Zähler.
μ wurde durch $E(\bar{x})$ und x durch $\bar{x}$ ersetzt. Diese Änderung ist aber für unser Problem belanglos. Von Bedeutung
ist vielmehr die Änderung im Nenner. In Formel (7) befindet
sich im Nenner eine Konstante, nämlich die Standardabweichung der Grundgesamtheit. $\sigma_{\bar{x}}$ in (17) ist zwar auch eine
Konstante bei gegebener Standardabweichung in der Grundgesamtheit und bei gleichbleibender Samplegröße, aber eine
"Konstante", die wir aufgrund unvollkommener Information
schätzen müssen, nämlich mit Hilfe der Standardabweichung
unseres Samples. Wir erinnern uns:

$$\sigma_{\bar{x}} = \frac{\sigma_x}{\sqrt{n}} \qquad (8)$$

σ_x , die Standardabweichung der Grundgesamtheit, ist uns unbekannt. Ersetzen wir sie durch die bestmögliche Schätzung
(vgl. Fußnote S. 49)

$$\overset{\Lambda}{\sigma}_x = \sqrt{\frac{\sum_{i=1}^{n}(x_i-\bar{x})^2}{n-1}} \tag{16}$$

so erhalten wir

$$\overset{\Lambda}{\sigma}_{\bar{x}} = \frac{\sqrt{\dfrac{\sum_{i=1}^{n}(x_i-\bar{x})^2}{n-1}}}{\sqrt{n}} = \frac{\sqrt{\dfrac{\sum_{i=1}^{n}(x_i-\bar{x})^2}{n}}}{\sqrt{n-1}} \quad ;$$

$$\overset{\Lambda}{\sigma}_{\bar{x}} = \frac{s_x}{\sqrt{n-1}} \tag{18}$$

Formel (17) muß dann eigentlich wie folgt geschrieben werden:

$$z_{\bar{x}} = \frac{\bar{x} - E(\bar{x})}{s_x} \sqrt{n-1}$$

Nun wissen wir, daß die Streuung bei kleinem Sampleumfang
beträchtlichen Schwankungen unterworfen ist. Das heißt,
daß in diesem Fall <u>keine lineare Transformation vorliegt</u>,
da wir nicht durch eine Konstante dividieren, sondern durch
eine Variable. Durch nichtlineare Transformation wird aber
die mathematische Konfiguration der Verteilung verändert.
Die transformierten $\bar{x}$-Werte ergeben <u>keine</u> Normalverteilung,
sondern eine Verteilung, die im allgemeinen t-Verteilung genannt wird. Entsprechend schreiben wir:

$$t = \frac{\bar{x} - E(\bar{x})}{s_x} \sqrt{n-1} \tag{19}$$

Je kleiner der Sampleumfang ist, um so mehr wird die Standardabweichung s_x von Fall zu Fall schwanken, das heißt, um so mehr wird sich die t-Verteilung (nach dem Pseudonym von W. S. Gosset, der sie 1908 in England zum ersten Mal in seinen Veröffentlichungen behandelte, wird sie auch "Student"-Verteilung genannt) von der Normalverteilung unterscheiden.

Die t-Verteilung ähnelt der Normalverteilung. Sie hat im Unterschied zu ihr (für kleine Stichproben) bei geringerer Höhe eine wesentlich größere Ausbreitung (vgl. Abb. 14). Das Ausmaß dieser Abweichung schwankt mit dem Sampleumfang. Je geringer der Stichprobenumfang n , desto größer die Abweichung. Bei einem n von etwa 30 sind die Abweichungen sehr gering, die t-Verteilung geht in die Normalverteilung über. Daß die t-Verteilung für kleine "Freiheitsgrade" flacher als die Normalverteilung verläuft, bedeutet, daß (im Gegensatz zur Normalverteilung) im Bereich von z. B. $\mu \pm 2\sigma_{\bar{x}}$ etwas weniger Sampledurchschnitte (kleiner 95 %)

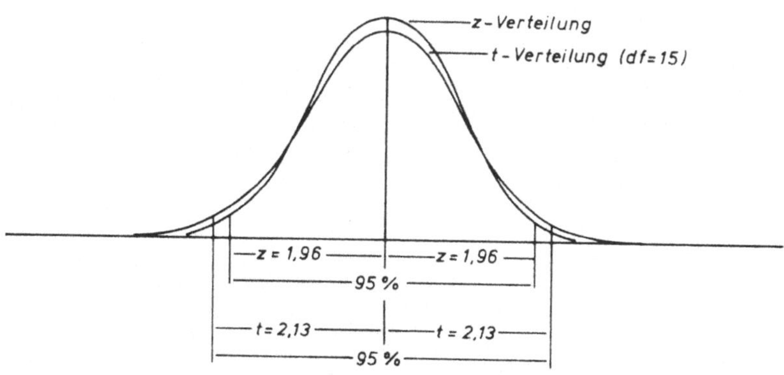

Abb. 14. Die t-Verteilung ist flacher als die z-Verteilung. Um Aussagen mit gleicher Sicherheit treffen zu können, muß ein größerer Bereich abgesteckt werden.

liegen. Das heißt, wir müssen etwas mehr als 2 Standardabweichungen vom Mittelwert μ nach links und rechts abweichen, um ein Intervall abzugrenzen, das 95 % der Fälle umfaßt. Wie schon hervorgehoben, variiert die t-Verteilung mit dem Stichprobenumfang. Es ist aber nicht eigentlich der Sampleumfang, der den Verlauf der t-Verteilung beeinflußt, sondern die Anzahl der Freiheitsgrade (df: degree of freedom). In (18) dient die Standardabweichung s_x als Basis für die Schätzung der Standardabweichung aller Samplemittelwerte $\sigma_{\bar{x}}$ (Standardfehler).

Die Ausgangsformel für die Standardabweichung lautet bekanntlich:

$$s_x = \sqrt{\frac{\sum(x - \bar{x})^2}{n}} \qquad\qquad (5)$$

wobei $\sum(x - \bar{x}) = 0$ ist. Das heißt, die Summe aller Abweichungen vom Mittelwert ist 0 . Liegen z. B. $n = 4$ Beobachtungswerte vor, dann sind drei Abweichungen "frei" variierbar. Z. B.:

$$d_1 = 1$$
$$d_2 = 2$$
$$d_3 = 3$$

Die vierte Abweichung ist damit aber vorgegeben:

$$d_4 = 0 - d_1 - d_2 - d_3$$
$$d_4 = 0 - 1 - 2 - 3 = -6$$
$$d_4 = -6$$

Die Zahl der Freiheitsgrade beträgt hier:

$$n - 1 \text{ gleich } 4 - 1 = 3 \text{ Freiheitsgrade}$$

Es ergeben sich demnach n - 1 Freiheitsgrade für die Standardabweichung. Somit bestimmt also eigentlich nicht der Sampleumfang die Verteilung von t , sondern vielmehr die Zahl der Freiheitsgrade von s_x (nämlich: df = Sampleumfang n - 1).[1] Für jeden Stichprobenumfang von n = 2 bis n = 30 (bei größeren Stichproben kann man die Differenz zwischen t-Verteilung und Normalverteilung vernachlässigen) erhalten wir also eine eigene t-Verteilung, die um so flacher ausfällt, je geringer die Anzahl der Freiheitsgrade wird bzw. je kleiner die Stichproben werden.[2] Das heißt aber auch, daß in dem Bereich von ± zwei Standardabweichungen mit schwindendem Freiheitsgrad ein immer kleiner werdender Prozentsatz von Beobachtungen (transformierte Sampledurchschnitte) fällt. Oder anders formuliert: Während bei der Normalverteilung 5 % der Beobachtungen außerhalb von ± 1,96 Standardabweichungen liegen, lauten die entsprechenden Werte (t-Werte, vgl. Tabelle II) für

```
 5 df:  2,57
10 df:  2,23
15 df:  2,13
20 df:  2,09
25 df:  2,06
30 df:  2,04
```

---

1) Die Kurvengleichung für die t-Verteilung enthält dementsprechend die Anzahl der Freiheitsgrade (df) als Parameter:

$$y \; = \; \frac{1}{\sqrt{df \cdot \pi}} \; \cdot \; \frac{\left(\frac{df-1}{2}\right)!}{\left(\frac{df-2}{2}\right)!}$$

2) Dies dürfte auch unmittelbar einsichtig sein. Der Mittelwert von zwei Einheiten wird sicher in der Regel stärker vom Mittelpunkt in der Gesamtgruppe abweichen als der von einem umfangreichen Sample errechnete.

Für 30 Freiheitsgrade entspricht der Wert der t-Verteilung
(t = 2,04) bei einem 5 %-igen Signifikanzgrad (fast) dem der
Normalverteilung (z = 1,96). Solche Unterschiede können in
der Praxis vernachlässigt werden, so daß für n $\geq$ 30 die
Variable t als normalverteilt behandelt wird.

Damit haben wir uns die nötigen Voraussetzungen erarbeitet,
um auch bei einem kleinen Sample von dem Mittelwert auf den
Mittelwert der Grundgesamtheit schließen bzw. die Signifikanz von Unterschieden zwischen (unabhängigen) Stichproben
prüfen zu können (vgl. 5.).

Und nun zu unseren Konsequenzen. Bei Samples kleiner 30 berechnen wir den Vertrauensbereich des Mittelwertes μ (vgl.
hierzu die Formeln 13, 14, 15) folgendermaßen:

$$\mu = \bar{x} \pm t\frac{s_x}{\sqrt{n-1}} = \bar{x} \pm t\sqrt{\frac{\dfrac{\sum\limits_{i=1}^{n}(x_i-\bar{x})^2}{n}}{n-1}} \tag{20}$$

$$= \bar{x} \pm t\sqrt{\frac{\sum\limits_{i=1}^{n}(x_i-\bar{x})^2}{n(n-1)}}$$

oder:

$$\bar{x} - t\hat{\sigma}_{\bar{x}} \leq \mu \leq \bar{x} + t\hat{\sigma}_{\bar{x}} \tag{21}$$

oder:

$$\bar{x} - t\frac{s_x}{\sqrt{n-1}} \leq \mu \leq \bar{x} + t\frac{s_x}{\sqrt{n-1}} \tag{22}$$

Gegenüber dem z-Test sind folgende Änderungen zu beobachten:
Um den Standardfehler zu schätzen, wenden wir die verfeinerte
(bei kleinem n notwendige) Schätzformel an. Wir dividieren
s_x nicht mehr durch $\sqrt{n}$, sondern durch $\sqrt{n-1}$.[1] Der z-Wert
wird durch einen t-Wert ersetzt, der, den besonderen Bedingungen der t-Verteilung entsprechend, immer größer als der
z-Wert sein wird. Daraus resultiert, daß der Vertrauensbereich, der unter Rückgriff auf die t-Verteilung bestimmt
wird, bei gleichem Sicherheitsniveau größer sein wird, als
wenn er mit Hilfe des z-Tests bestimmt worden wäre. Der kleine Sampleumfang fordert seinen Tribut.

Der t-Wert kann der Tabelle II - unter Berücksichtigung des
Signifikanzniveaus und der Freiheitsgrade - entnommen werden. Liegt zum Beispiel ein Sample mit dem Umfang von n = 25
vor, dann verbleiben 24 Freiheitsgrade (df). Bei einer Restwahrscheinlichkeit von p = 0,05 liegt dann ein t-Wert von
2,06 vor.

Nun könnte man uns den Vorwurf machen, wir hätten in Kapitel 3.1.1. zu Unrecht auf die Normalverteilung als Prüfverteilung zurückgegriffen. Denn auch da haben wir $\sigma_{\bar{x}}$ nicht
berechnen können, da σ_x unbekannt war. Vielmehr wurde $\sigma_{\bar{x}}$
mit Hilfe der jeweiligen Samplestandardabweichung geschätzt.
Manche Autoren sprechen folgerichtig auch dann von einem t-
Test und greifen immer dann, wenn σ_x nicht bekannt ist und
ergo $\sigma_{\bar{x}}$ <u>geschätzt</u> werden muß, auf die t-Verteilung zurück.
Da aber bei einem Sampleumfang von n $\geq$ 30 die t-Verteilung

---

1) Häufig kann man auch folgende, der oben angeführten Fassung identische Formel finden:

$$\theta_{\bar{x}} = \frac{s_x \sqrt{\frac{n}{n-1}}}{\sqrt{n}} = s_x \sqrt{\frac{\frac{n}{n-1}}{n}} = s_x \sqrt{\frac{1}{n-1}} = \frac{s_x}{\sqrt{n-1}}$$

der Normalverteilung schon sehr gleicht, können wir diese
als Prüfverteilung heranziehen, was wegen der einfacheren
Berechnung wünschenswert ist (keine Berücksichtigung der
Freiheitsgrade).

Dieser Schnittpunkt zwischen kleinen und großen Samples bekommt insofern noch Bedeutung, als wir ab Samplegrößen von
$n \geq 30$ Normalverteilung in der Grundgesamtheit als Bedingung fallen lassen dürfen. Die Sampleverteilung bei einem
solchen Auswahlumfang ist nahezu normalverteilt und die
Sampleverteilung ist es ja, auf die wir uns bei unserem Test
stützen, weniger die Verteilung in der Grundgesamtheit. Erst
bei kleinerem Stichprobenumfang $(n < 30)$ müssen wir diese Bedingung aus dem genannten Grund wieder einführen. Sind wir
also wegen kleiner Samplegrößen gezwungen, auf einen t-Test
zurückzugreifen, muß das Merkmal in der Grundgesamtheit normalverteilt sein.

<u>Beispiel:</u>
Für eine Stichprobe mit dem Umfang $n = 28$ wird ein Mittelwert $(\bar{x})$ von 68 und eine Standardabweichung (s_x) von 7,5
errechnet. Innerhalb welchen Bereiches liegt mit einer Wahrscheinlichkeit von 95 % der Mittelwert der Population?

1. Verteilung in der Grundgesamtheit: Da $n < 30$, muß das
   Merkmal in der Grundgesamtheit normalverteilt sein, da
   die Sampleverteilung schon zu stark von der Normalverteilung abweicht.

2. Zufallsauswahl ist gewährleistet.

3. $p = 0,05$

4. Rechengang:

$$\bar{x} - t\frac{s_x}{\sqrt{n-1}} \leq \mu \leq \bar{x} + t\frac{s_x}{\sqrt{n-1}} \qquad\qquad (22)$$

$$df = n - 1 = 28 - 1 = 27$$

Bei einer Restwahrscheinlichkeit von p = 0,05 ergibt
sich aus Tabelle II ein t-Wert von: 2,052. Damit ergibt
sich:

$$68 - 2,05 \frac{7,5}{\sqrt{27}} \leq \mu \leq 68 + 2,05 \frac{7,5}{\sqrt{27}}$$

$$65,042 \leq \mu \leq 70,958$$

5. Mit 95 %-iger Sicherheit liegt der Parameter der Grundgesamtheit in den angeführten Grenzen.

3.2.   <u>Der Inklusionsschluß; die Parameter der Grundgesamtheit μ und σ_x sind bekannt</u>

3.2.1.   <u>Schätzung des Samplemittelwertes</u>

3.2.1.1.   <u>Sampleumfang $\geq$ 30</u>

Wenn wir aus einer Grundgesamtheit unendlich viele Zufallsauswahlen treffen, dann verteilt sich die Samplemaßzahl x
- bei genügend großem n (n $\geq$ 30) - normal. Dies ist nun
kein Geheimnis mehr. Wir wissen auch, daß im Bereich ± einer
Standardabweichung ($\sigma_{\bar{x}}$) vom Mittelwert der Sampleverteilung
ungefähr 68 % aller Fälle liegen (vgl. Abb. 9). In diesem
Fall - bei Kenntnis der Parameter der Grundgesamtheit - sind

wir in der glücklichen Lage, die Standardabweichung unserer
Sampleverteilung $\sigma_{\bar{x}}$ (auch Standardfehler genannt) genau
berechnen zu können. Wir wissen, daß sie gleich dem Quotienten aus σ_x (Standardabweichung der Grundgesamtheit) und
der Wurzel aus dem Sampleumfang n ist (Formel 8):

$$\sigma_{\bar{x}} = \frac{\sigma_x}{\sqrt{n}} \qquad\qquad (8)$$

Das heißt, wenn uns μ und σ_x bekannt sind, können wir
mit einer gewissen Sicherheit angeben, in welchem Bereich
der Samplemittelwert einer einzelnen Zufallsauswahl vermut-
lich liegen wird.

Beispiel:
Die Parameter der Grundgesamtheit μ = 60 kg und σ_x = 15 kg
sollen bekannt sein. Wie groß wird ein Samplemittelwert
ungefähr sein, wenn wir aus dieser (sehr großen) Population
eine Zufallsauswahl mit dem Umfang n = 100 ziehen?

Getreu unserer bisherigen Gepflogenheit prüfen wir wieder,
welche Bedingungen erfüllt sein müssen, und führen erst dann
die Berechnung durch, wenn wir uns im Klaren sind, welche
Prüfverteilung herangezogen werden soll (Normal- oder t-Verteilung).

1. Verteilung in der Grundgesamtheit: Da $n \geq 30$, ist Normalverteilung in der Population nicht erforderlich. Die
   Sampleverteilung wird bei einem Stichprobenumfang von
   n = 100 einer Normalverteilung sehr nahe kommen, auch
   wenn die Verteilung in der Grundgesamtheit sehr stark
   von der Normalverteilung abweicht. Als Prüfverteilung
   wird also auf die z-Verteilung zurückgegriffen.

2. Zufallsauswahl ist gewährleistet. (Wir erinnern uns, dies ist Bedingung.)

3. Uns genügt ein Fehlerrisiko von p = 0,32. Das heißt, in 32 von hundert Fällen (in einem Massenexperiment) wird der Samplemittelwert nicht in den errechneten Grenzen liegen.

4. Rechengang:
Den Stichprobenfehler berechnen wir mit Formel (8), denn σ_x ist uns bekannt.

$$\sigma_{\bar{x}} \; = \; \frac{\sigma}{\sqrt{n}} \; = \; \frac{15}{\sqrt{100}} \; = \; \frac{15}{10} \; = \; 1,5 \text{ kg}$$

Das ist also die Standardabweichung unserer Sampleverteilung. Und wir wissen, daß in den Bereich $\pm\,1\;\sigma_{\bar{x}}$ ungefähr 68 % aller Samplemittelwerte fallen. Diese 1,5 kg entsprechen einem z-Wert von 1, das ist der Wert, der sich bei Transformation ergeben würde. Der Erwartungswert $E(\bar{x})$ unserer Sampleverteilung (vgl. Abb. 9) entspricht dem Mittelwert μ . In den Bereich $E(\bar{x}) + 1\;\sigma_{\bar{x}}$ fallen ungefähr 34 % und in den Bereich $E(\bar{x}) - 1\;\sigma_{\bar{x}}$ wiederum 34 % der Samplemaßzahlen. Da $E(\bar{x})$ dem Mittelwert μ entspricht, können wir nun den Vertrauensbereich nach oben und unten abgrenzen:

$$E(\bar{x}) \; = \; \mu \pm 1\;\sigma_{\bar{x}}$$

$$= \; 60 \text{ kg} \pm 1,5 \text{ kg}$$

5. Aussage: Der Samplemittelwert $\bar{x}$ wird mit 68 %-iger Sicherheit zwischen 58,5 und 61,5 kg liegen.

Oder genauer: $58,5 \text{ kg} \leq \bar{x} \leq 61,5 \text{ kg}$

In Anlehnung an die Formeln (14) und (15) können wir auch
schreiben:

$$\mu - z\sigma_{\bar{x}} \leq \bar{x} \leq \mu + z\sigma_{\bar{x}} \tag{23}$$

(Hier fehlt das "Dach" bei $\sigma_{\bar{x}}$, da wir $\sigma_{\bar{x}}$ nicht "schätzen", sondern berechnen.)

Oder:

$$\mu - z\,\frac{\sigma_x}{\sqrt{n}} \leq \bar{x} \leq \mu + z\frac{\sigma_x}{\sqrt{n}} \tag{24}$$

3.2.1.2.   <u>Sampleumfang < 30</u>

Welche Prüfverteilung werden wir aber verwenden, wenn der
Stichprobenumfang kleiner als 30 ist? Beim Schließen von
Samplemaßzahlen auf den Parameter der Grundgesamtheit verwendeten wir bei kleinem n die t-Verteilung. Voraussetzung
war die Normalverteilung des Merkmals in der Grundgesamtheit,
die auch jetzt erfüllt sein muß. Doch wie sieht es mit der
Prüfverteilung aus? Können wir die z-Verteilung (standardisierte Normalverteilung) verwenden oder müssen wir auf die
t-Verteilung zurückgreifen? Um es kurz zu machen: Wir verwenden die z-Verteilung als Prüfverteilung (daraus resultiert
ein kleinerer Vertrauensbereich, weil die z-Werte bei gleichem Signifikanzniveau kleiner sind als die t-Werte), da uns
die Varianz (bzw. Standardabweichung) der Grundgesamtheit
bekannt ist und wir den Standardfehler $\sigma_{\bar{x}}$ <u>berechnen</u> können
und nicht von Fall zu Fall aufgrund stark schwankender Samplevarianzen schätzen müssen. Das heißt, hier ist lineare
Transformation der Sampleverteilung möglich. Die transfor-

mierte Sampleverteilung ist ebenfalls normalverteilt (und
diese ist auch bei kleinem n normalverteilt, wenn das
Merkmal in der Grundgesamtheit normalverteilt ist).

Unser Vorgehen unterscheidet sich also nicht von dem unter
3.2.1.1. beschriebenen; als zusätzliche Bedingung müssen
wir aber Normalverteilung in der Grundgesamtheit voraussetzen.

4. Schließverfahren für Prozentwerte; der Schluß vom

Sampleprozentsatz auf den Gesamtgruppenprozentsatz

Bisher haben wir nur Schließverfahren für intervallskalierte
Daten (Größe, Gewicht, Einkommen etc.) besprochen. In den
Sozialwissenschaften muß man sich meist aber mit einem nie-
drigeren Meßniveau begnügen. Häufig ist lediglich eine Ska-
lierung auf nominalem Niveau möglich. Die einzelnen Elemente der Grundgesamtheit werden dabei danach beurteilt, ob
sie ein bestimmtes Merkmal aufweisen oder nicht. So könnte
man einzelne Individuen nach ihrem Geschlecht, ihrer Haar-
farbe oder danach beurteilen, ob sie CDU, SPD oder FDP zu
wählen pflegen. Der einfachste Fall ist der einer nur zwei-
fachen Klassifikation, wie z. B. bei dem Merkmal Geschlecht.
Hier lassen sich nur zwei Kategorien oder Merkmalsausprägungen beobachten, nämlich männlich und weiblich. Diese beiden Kategorien sind erschöpfend, das heißt, alle Beobachtungen lassen sich einer der beiden Kategorien zuordnen, und
sie sind exklusiv, das heißt, sie schließen sich gegenseitig
aus - jede Beobachtung ist entweder der einen oder der anderen Kategorie zuzuordnen.

Diesen "Binomial"-Fall wollen wir in diesem Kapitel berücksichtigen und die Bedingungen und die Vorgehensweise für
den Schluß von der Samplemaßzahl auf den Parameter der
Grundgesamtheit darstellen.

Unsere Grundgesamtheit besteht also nicht mehr aus Einheiten mit einer Vielzahl von Merkmalsausprägungen, wie wir
sie zum Beispiel für die Dimension Gewicht beobachten konnten, sondern lediglich aus Einheiten mit zwei Ausprägungen;
in unserem Beispiel: männlich und weiblich. Den relativen
Anteil der Männer an der Grundgesamtheit wollen wir mit (P)
bezeichnen, den der Frauen mit (1-P). In diesem Fall kann

man davon ausgehen, daß die Grundgesamtheit in zwei nahezu
gleich große Anteile zerfällt, also (P) ∿ (1-P). Wir wollen aber unterstellen, die Population enthalte einen Männeranteil von (P) = 0,40 (40 %) und einen Frauenanteil von
(1-P) = 0,60 (60 %).[1]

Von einer Normalverteilung des Merkmals in der Grundgesamtheit kann nun nicht mehr die Rede sein. Die Übertragung der
"Merkmalsverteilung" in ein Koordinatensystem ergibt lediglich zwei Punkte.

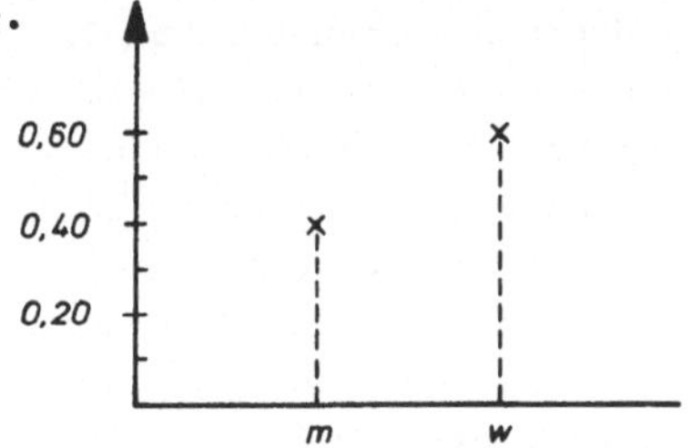

Abb. 15. Grundgesamtheit mit einem Männeranteil m von
         P = 0,4 und einem Frauenanteil w von 1-P = 0,6

Wie aber schon wiederholt in den vorhergehenden Kapiteln
betont, ist Normalverteilung in der Grundgesamtheit nicht
erforderlich, um unser Schlußverfahren anwenden zu können,
sofern die Sampleverteilung, die Verteilung der (hypothetisch) unendlich vielen Samplemaßzahlen, Normalverteilung
aufweist oder ihr doch zumindest sehr nahe kommt. Bevor
wir die Bedingungen formulieren, unter denen die Normalverteilung als Prüfverteilung herangezogen werden kann,
wollen wir zuerst untersuchen, wie es überhaupt zu einer
"Verteilung" von Samplemaßzahlen kommen kann, wenn die be-
treffende Merkmalsdimension in der Grundgesamtheit nur zwei
Merkmalsausprägungen besitzt.

---

1) Häufig findet sich in der Literatur statt des Ausdrucks
   (1-P) auch Q, so daß sich in unserem Fall P(0,4) + Q(0,6)
   = 1 ergeben würde.

Wenn wir aus der oben näher charakterisierten Grundgesamtheit (40 % Männer, 60 % Frauen) eine Zufallsauswahl mit dem Umfang von n = 1000 treffen, dann werden die Männer- und Frauenanteile im Sample denen der Grundgesamtheit sehr ähneln. Wir werden also in unserem Sample einen Männeranteil von 40 % und einen Frauenanteil von 60 % erwarten. Sehr wahrscheinlich finden wir demnach etwa 400 Männer und 600 Frauen in unserem Sample. Wählen wir in einer Zufallsauswahl nur ein einzelnes Individuum aus der Grundgesamtheit aus, dann ist es mit einer Wahrscheinlichkeit von 0,4 männlich. Mit einer größeren Wahrscheinlichkeit, nämlich mit (1-P) = 0,6, wird es aber weiblichen Geschlechts sein. Die Wahrscheinlichkeit aber, daß es entweder weiblichen oder männlichen Geschlechts ist, beträgt 1; die Wahrscheinlichkeiten addieren sich zu 1. (Zur Einführung in die Wahrscheinlichkeitsrechnung vergl. z. B. Clauss und Ebner, 8, S. 117 ff; Blalock, 1, S. 97 ff): P(0,4) + (1-P)(0,6) = 1. Mit absoluter Sicherheit ziehen wir entweder ein weibliches oder ein männliches Individuum, eine andere Möglichkeit gibt es nach unseren Voraussetzungen nicht.

Bei einem Sampleumfang von n = 2 ergeben sich folgende mögliche Kombinationen:

1. m m
2. m w
3. w m
4. w w

Im ersten Fall besitzt das zuerst gezogene Individuum das Merkmal männlich. Dafür besteht eine Wahrscheinlichkeit von 0,4. Daß das zweite auszuwählende Individuum wiederum das Merkmal männlich hat, dafür besteht ebenfalls eine Wahrscheinlichkeit von 0,4 (bei endlicher Grundgesamtheit und ohne "Zurücklegen" der zuerst gezogenen Einheit wird die Wahrschein-

lichkeit natürlich geringer. Bei genügend großem n ist
dies jedoch zu vernachlässigen.). Die Wahrscheinlichkeit,
ein Sample mit zwei Männern zu ziehen, ergibt sich aus dem
Produkt der beiden Einzelwahrscheinlichkeiten. Für die Reihenfolge mm beträgt die Wahrscheinlichkeit also:
(0,4)(0,4) = (0,16). Entsprechend lassen sich die Wahrscheinlichkeiten für die Reihenfolgen mw , wm und ww berechnen:

Tabelle 6:

Berechnung der Wahrscheinlichkeit für Samples (n = 2) mit
bestimmter Reihenfolge bei einem P von 0,40 (männlich)
und einem (1-P) von 0,60 (weiblich).

a) Reihenfolge mm: $(P)(P)$ $= P^2$ $= (0,40)(0,40) = 0,16$
b) Reihenfolge mw: $(P)(1-P)$ $= (0,40)(0,60)$ $= 0,24$
c) Reihenfolge wm: $(1-P)(P)$ $= (0,60)(0,40)$ $= 0,24$
d) Reihenfolge ww: $(1-P)(1-P) = (1-P)^2 = (0,60)(0,60) = 0,36$

$$\text{Summe} \quad 1,00$$

Die Wahrscheinlichkeit, einen einzelnen Mann in unserem
Sample zu finden, beträgt $y = 0,48$, und die Wahrscheinlichkeit, daß kein Mann in unser Sample fällt, beträgt $y = 0,36$
(da wir die Wahrscheinlichkeiten auf der Ordinate abtragen,
bezeichnen wir sie hier mit y). Wir fassen die beiden Teil-
wahrscheinlichkeiten für mw und wm zusammen, da wir nicht
an der Reihenfolge der Auswahl interessiert sind, sondern
daran, wie groß die Wahrscheinlichkeit ist, einen bestimmten
Männeranteil in unserem Sample zu finden. Die einzelnen Wahrscheinlichkeiten übertragen wir in ein Koordinatensystem, in
dem auf der Abszisse (x-Achse) der Sampleprozentsatz $p = m/n$
(wobei m die Anzahl der Männer im Sample darstellt und n
für den Sampleumfang steht) und auf der Ordinate (y-Achse)
die Wahrscheinlichkeit für einen bestimmten Sampleprozent
satz abgetragen wird.

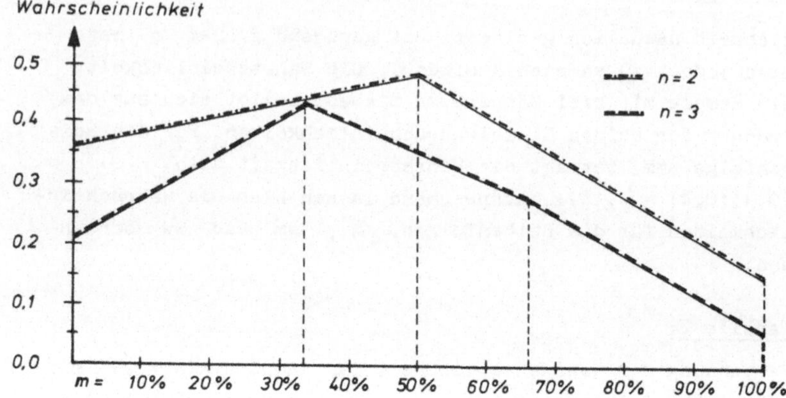

Abb. 16. Theoretische Häufigkeitsverteilung von Sampleprozentsätzen bei einem Sampleumfang von n = 2
(n = 3) und einem Gesamtgruppenprozentsatz von
P = 40 %

Bei Zufallsauswahlen aus der gleichen Grundgesamtheit, aber
mit einem Auswahlumfang von n = 3 , sind die in Tabelle 7
aufgeführten Wahrscheinlichkeiten für die verschiedenen Reihenfolgen von m und w errechnet.

Da uns nur die Wahrscheinlichkeit y des Sampleprozentsatzes p interessiert, also die Frage, wie groß der Anteil
der Männer im Sample sein wird, und nicht, in welcher Reihenfolge die einzelnen Merkmalsträger gezogen werden, addieren wir wieder die Wahrscheinlichkeiten der Samples, in denen der Anteil der Männer (bzw. der Frauen) gleich groß ist,
nämlich einmal die Reihen (b), (c), (d) und zum anderen die
Reihen (e), (f), (g). Die theoretische Häufigkeitsverteilung
der Samplemaßzahl p ist in Abb. 16 eingezeichnet.

<u>Tabelle 7:</u>

Berechnung der Wahrscheinlichkeiten für Samples (n = 3)
mit bestimmter Reihenfolge bei einem P von 0,40 (männlich)
und einem (1-P) von 0,60 (weiblich).

$$
\begin{array}{llll}
\text{a) m m m :} & (P)(P)(P) = (P)^3 = (0,40)^3 & = 0,064 \rightarrow 0,064 \\
\text{b) m m w :} & (P)^2(1-P) \qquad = (0,40)^2(0,60) = 0,096 \\
\text{c) m w m :} & (P)(1-P)(P) \quad = (0,40)^2(0,60) = 0,096 \;\Big\} \; 0,288 \\
\text{d) w m m :} & (1-P)(P)^2 \qquad = (0,40)^2(0,60) = 0,096 \\
\text{e) w w m :} & (1-P)^2(P) \qquad = (0,60)^2(0,40) = 0,144 \\
\text{f) w m w :} & (1-P)(P)(1-P) = (0,60)^2(0,40) = 0,144 \;\Big\} \; 0,432 \\
\text{g) m w w :} & (P)(1-P)^2 \qquad = (0,60)^2(0,40) = 0,144 \\
\text{h) w w w :} & (1-P)^3 \qquad = (0,60)^3 \qquad = 0,216 \rightarrow 0,216 \\
& & \text{Summe} \quad 1,000
\end{array}
$$

Wie aus Tabelle 7 und Abb. 16 hervorgeht, werden Samples von
der Größe n = 3 nur relativ selten die Kombinationen mmm
aufweisen. Führt man ein Massenexperiment durch und zieht
10 000 Zufallsauswahlen, wird das wahrscheinlich nur bei ungefähr 640 Samples der Fall sein: $(0,40)^3 \cdot$ 10 000 = 0,064
$\cdot$ 10 000 = 640. Samples mit zwei Individuen des Merkmals m
und einem des Merkmals w werden schon häufiger sein, und
Samples mit zweimal w und einmal m wird man am häufigsten beobachten können. Die einzelnen Häufigkeiten werden
wie folgt bestimmt:

1. Samples mit 3mal m : $(P)^3 \cdot$ 10 000 = 0,064

$\cdot$ 10 000 = 640 Samples

2. Samples mit 2mal m ; $3P^2 \cdot (1-P) \cdot 10000 = 3(0,40)^2$
   1mal w : $\cdot (0,60) \cdot 10000 = 0,288$

$\cdot 10000$ = 2880 Samples

3. Samples mit 1mal m ; $3(1-P)^2(P) \cdot 10000 = 3(0,60)^2$
   2mal w : $\cdot (0,40) \cdot 10000 = 0,432$

$\cdot 10000$ = 4320 Samples

4. Samples mit 3mal w : $(1-P)^3 \cdot 10000 = (0,60)^3$

$\cdot 10000 = 0,216 \cdot 10000$ = 2160 Samples

insgesamt: 10000 Samples

Wir müssen uns aber immer vor Augen halten, daß diese Wahrscheinlichkeiten für bestimmte Reihenfolgen und Zusammensetzungen von Samples nur Gültigkeit besitzen, wenn unendlich
viele Samples gezogen werden. Sollten wir wirklich ein Massenexperiment durchführen und z. B. 10 000 Zufallssamples
ziehen, dann werden wir wahrscheinlich nicht genau zu den
errechneten Häufigkeiten kommen.

Unser Ziel ist es, die Wahrscheinlichkeit (y) für das Vorkommen eines bestimmten Sampleprozentsatzes p zu bestimmen. Um
dies zu erreichen, haben wir alle möglichen Reihenfolgen bestimmt und für jede einzelne Reihenfolge ihre Wahrscheinlichkeit berechnet. Da wir aber nicht in erster Linie daran interessiert sind, in welcher Reihenfolge die einzelnen Merkmalsträger gezogen werden, sondern uns nur die Sequenzen interessieren, die einen bestimmten Anteil von Merkmalsträgern
enthalten (z. B. alle Reihenfolgen mit einem "m"), haben
wir die Wahrscheinlichkeiten der Sequenzen mit dem gleichen Anteil an "m" addiert. Und wie wir aus Tabelle 7 ersehen kön-

nen, haben alle Reihenfolgen mit der gleichen Anzahl an "m" die gleiche Wahrscheinlichkeit, nämlich $y = 0,096$ für zweimal "m" und einmal "w" und $y = 0,144$ für einmal "m" und zweimal "w". Entsprechend können wir die Wahrscheinlichkeit für eine dieser Reihenfolgen mit drei multiplizieren, um die Wahrscheinlichkeit für das Vorkommen von Samples zu errechnen, in denen der Anteil von "m" an der Gesamtzahl der Auswahl 2/3 bzw. 1/3 beträgt:

$$3(P)^2(1-P) = 3(0,40)^2(0,60) = 0,288$$
$$3(1-P)^2(P) = 3(0,60)^2(0,40) = 0,432$$

Diese Vorgehensweise ist unproblematisch bei Samples mit kleinem n. Aber schon bei einem Sampleumfang von $n = 5$ ist es mühsam, festzustellen, wie häufig Samples vorkommen, in denen von den gezogenen fünf Individuen z. B. zwei männlichen Geschlechts sind. Insgesamt sind zehn Reihenfolgen möglich:

$$
\begin{array}{rl}
1. & m\ m\ w\ w\ w \\
2. & m\ w\ m\ w\ w \\
3. & m\ w\ w\ m\ w \\
4. & m\ w\ w\ w\ m \\
5. & w\ m\ w\ w\ m \\
6. & w\ m\ m\ w\ w \\
7. & w\ m\ w\ m\ w \\
8. & w\ w\ m\ m\ w \\
9. & w\ w\ m\ w\ m \\
10. & w\ w\ w\ m\ m \\
\end{array}
$$

Jede einzelne Reihenfolge zeigt zwei Einheiten mit dem Merkmal m. Das ergibt einen relativen Anteil - einen Sampleprozentsatz - von $p = \frac{m}{n} = \frac{2}{5} = 0,4 = 40\ \%$. Wie groß ist die Wahrscheinlichkeit, ein derartiges Sample zu ziehen? Da die Wahrscheinlichkeit für alle zehn Reihenfolgen gleich ist (vgl. z. B. Tabelle 7), können wir bei $P = 0,40$ und

(1-P) = 0,60 wie folgt vorgehen:

$$y \;=\; 10(P)^2(1-P)^3 \;=\; 10(0,16)(0,216) \;=\; 0,3456$$

Bei einem Massenexperiment beträgt die Wahrscheinlichkeit
von Samples mit dem Sampleprozentsatz (p) = 40 %: 0,3456.
Wir sehen, die Aufzeichnung der Reihenfolgen für den bescheidenen Sampleumfang von n = 5 bereitet schon viel
Aufwand. Die gleiche Vorgehensweise für ein n von 15 erfordert bereits viel Hingabe. Und bei einem n von 1000,
um eine übliche Samplegröße zu nennen, ist es schon fast
unmöglich, alle möglichen Reihenfolgen, das heißt also
Samples, schriftlich zu fixieren, in denen der Sampleprozentsatz (p) z. B. 0,7 = 70 % betragen soll. Das Merkmal "m" soll hier in einem Sample also 700mal vorkommen:
0,7 · 1000 = 700.

Die Wahrscheinlichkeit für <u>ein</u> Sample mit beliebiger Reihenfolge von "m" und "w" läßt sich relativ leicht bestimmen, nämlich:

$$(0,4)^{700} \cdot (0,6)^{300} \;=\; \left(\tfrac{2}{5}\right)^{700} \cdot \left(\tfrac{3}{5}\right)^{300} \;=\; (P)^k \cdot (1-P)^{n-k} \qquad (25)$$

wobei der Exponent des ersten Faktors die Anzahl (k) der
Elemente darstellt, die das Merkmal "m" aufweisen, und der
Exponent des zweiten Faktors die Anzahl (n-k) der Elemente
repräsentiert, die das Merkmal "w" besitzen, nämlich
300 = 1000 - 700. Wie groß ist aber der Faktor, der in dem
oben aufgeführten Beispiel den Wert 10 (bei n = 5 und
k = 2) und in Tabelle 7 den Wert 3 hat (bei n = 3 und
k = 2)? Dieser Faktor stellt die Anzahl der Samples dar,
die alle den gleichen Sampleprozentsatz p aufweisen und

die sich nur in der Reihenfolge der Ereignisse (m, w) unterscheiden.

Wir wollen nun eine Vorgehensweise zeigen, mit der dieser Faktor auf einfache Weise berechnet, also die Wahrscheinlichkeit für bestimmte Sampleprozentsätze (p) ermittelt werden kann.

Die Addition der einzelnen Wahrscheinlichkeiten der Tabellen 6 und 7 für alle möglichen Reihenfolgen ergibt 1. Das ist nicht weiter verwunderlich. Die Bedingung, irgendeine (vorher nicht bestimmte) Reihenfolge zu ziehen, läßt sich immer einhalten.

Addition der Wahrscheinlichkeiten für n = 2:

$$P^2 + P\cdot(1-P) + (1-P)\cdot P + (1-P)^2 = \qquad (26)$$
$$0,16 + 0,24 \quad + 0,24 \quad + 0,36 \quad = \quad 1,00$$

Addition der Wahrscheinlichkeiten für n = 3:

$$P^3 + 3P^2(1-P) + 3(1-P)^2 P + (1-P)^3 = \qquad (27)$$
$$0,064 + 0,288 \quad + 0,432 \quad + 0,216 \quad = \quad 1,00$$

Die einzelnen Glieder von (26) sind aber die Elemente der Binomialexpansion von $\left[P + (1-P)\right]^2$. Dies wird deutlicher, wenn wir P durch (a) und (1-P) durch (b) ersetzen:

$$a^2 + ab + ba + b^2 = (a + b)^2$$

Die Glieder ab und ba lassen sich zu 2ab zusammenfassen. Damit ergibt sich die allgemein bekannte Form der Expansion von $(a + b)^2$:

$$a^2 + 2ab + b^2 = (a + b)^2$$

Oder auf unseren Fall übertragen:

$$P^2 + 2P(1-P) + (1-P)^2 = \left[P + (1-P)\right]^2$$

Und bei der Expansion von $(a+b)^3$ ergibt sich:

$$a^3 + 3a^2b + 3ab^2 + b^3$$

Das entspricht der Formel von (27):

$$P^3 + 3P^2(1-P) + 3P(1-P)^2 + (1-P)^3$$

Ohne Konsequenzen können wir (27) auch wie folgt schreiben:

$$1P^3(1-P)^0 + 3P^2(1-P)^1 + 3P^1(1-P)^2 + 1P^0(1-P)^3 =$$
$$\left[P + (1-P)\right]^3$$

wobei

$$(1-P)^0 = 1$$
$$P^0 = 1$$

ist und P natürlich auch als P^1 geschrieben werden kann.

Nun können wir die Wahrscheinlichkeiten für alle möglichen
Samplezusammensetzungen errechnen. Jedes einzelne Glied
entspricht einer möglichen Samplezusammensetzung, wobei
die Exponenten jeweils der Anzahl der einzelnen in das
Sample gefallenen Merkmalsträger entsprechen. Entsprechend
gibt das erste Glied die Wahrscheinlichkeit für ein Sample
(n = 3) an, in dem alle drei Einheiten männlich sind. Denn
der Exponent von P beträgt 3 und der von (1-P) ist 0.
Das zweite Glied gibt die Wahrscheinlichkeit für ein Sample
mit der Zusammensetzung zweimal m und einmal w an, der

Exponent von P ist 2 und der von (1-P) ist 1. Entsprechend geben das dritte bzw. das vierte Glied die Wahrscheinlichkeiten für die Samples mit einmal m, zweimal w
bzw. dreimal w an. Die Binomialkoeffizienten entsprechen
der Anzahl der verschiedenen möglichen Reihenfolgen. Im ersten und letzten Glied beträgt er jeweils 1. Hier ist nur
eine Reihenfolge möglich, nämlich m m m bzw. w w w . Im
dritten Glied beträgt der Binomialkoeffizient 3. Es sind bei
einem Sampleumfang von n = 3 und einer Zusammensetzung von
m = 2 und w = 1 bzw. einem Sampleprozentsatz von
$p = \frac{m}{n} = \frac{2}{3}$ drei Reihenfolgen möglich:

$$m \ m \ w$$
$$m \ w \ m$$
$$w \ m \ m$$

Der Binomialkoeffizient des dritten Gliedes ist ebenfalls 3,
da auch hier bei gegebener Samplezusammensetzung drei Reihenfolgen möglich sind, die Wahrscheinlichkeit $(P)^1(1-P)^2$
also mit drei multipliziert werden muß.

Um das Gesagte deutlicher zu machen, wird (28) mit den notwendigen Erklärungen versehen:

Wahrscheinlichkeiten für Samples mit der Zusammensetzung:

$$1P^3(1-P)^0 + 3P^2(1-P)^1 + 3P^1(1-P)^2 + 1P^0(1-P)^3 = \left(P + (1-P)\right)^3$$

Binomialkoeffizienten

Nun ist allerdings auch eine Binomialexpansion bei großem n
recht aufwendig, so daß die Bestimmung der Binomialkoeffizienten sehr mühselig wird. Mit dem Ziel, sich das Leben zu

vereinfachen, hat man auch hier nach Erleichterung gesucht und sie gefunden. Aus der Kombinatorik hat man die Formel (29) entliehen, mit der die Binomialkoeffizienten bestimmt werden können:

$$\binom{n}{k} = \frac{n!}{k!(n-k)!} = \frac{n(n-1)(n-2)\ldots\ldots(n-k+1)}{1 \cdot 2 \cdot 3 \ldots k} \tag{29}$$

wobei n der Sampleumfang, k der Exponent von P (in unserem Beispiel also die Anzahl der Elemente m) und $(n-k)$ der Exponent von $(1-P)$ ist (gleich der Anzahl der Elemente w ; für $n!$ lies: n Fakultät).

Die Wahrscheinlichkeit für einen bestimmten Sampleprozentsatz, das heißt für eine bestimmte Samplezusammensetzung, wird dann wie folgt berechnet (sie wird hier mit y bezeichnet, weil sie in der Sampleverteilung auf der Ordinate abgetragen wird):

$$y = \frac{n!}{k!(n-k)!} \cdot P^k (1-P)^{n-k}$$

wobei

y : Wahrscheinlichkeit einer bestimmten Samplezusammensetzung (z. B. $m = 2$, $w = 1$, bei $n = 3$)

$\dfrac{n!}{k!(n-k)!}$: Zahl der möglichen Reihenfolgen (hier: $k = 2$, $(n-k) = 1$)

$P^k (1-P)^{n-k}$: Wahrscheinlichkeit für irgendeine Reihenfolge bei gegebener Samplezusammensetzung (hier: $k = 2$, $(n-k) = 1$)

<u>Aufgabe:</u>

Wie groß ist die Wahrscheinlichkeit, bei einem Sampleumfang
von n = 3 ein Sample zu ziehen, in dem zweimal "m" und
einmal "w" vorkommt, wobei der Anteil von "m" in der Grundgesamtheit P = 0,7 betragen soll?

$$y \;=\; \frac{n!}{k!(n-k)!} \cdot P^{k}(1-P)^{n-k}$$

$$y \;=\; \frac{3!}{2!1!} \cdot (0,7)^{2}(0,3)^{1}$$

$$y \;=\; \frac{3 \cdot 2 \cdot 1}{2 \cdot 1 \cdot 1} \cdot 0,49 \cdot 0,3$$

$$y \;=\; 3 \cdot 0,49 \cdot 0,3$$

$$y \;=\; 0,441$$

Nun sind wir in der Lage, die Sampleverteilung für einen
Sampleumfang von n = 10 relativ schnell zu berechnen
(P = 0,40). Vgl. Tabelle 8, S. 88.

Übertragen wir die einzelnen Wahrscheinlichkeiten in ein
Koordinatensystem, dann können wir eine Verteilung der Wahrscheinlichkeiten beobachten, die schon sehr einer Normalverteilung ähnelt (Abb. 17). Dagegen sind die Verteilungen in
Abb. 16 einer Normalverteilung noch recht unähnlich. Wie
sich der Leser durch entsprechende Berechnungen selbst über-
zeugen kann, wird die Sampleverteilung mit wachsendem n
einer Normalverteilung immer ähnlicher, und dies um so eher,
je mehr der Gesamtgruppenprozentsatz P dem Gesamtgruppenprozentsatz (1-P) gleicht, also am ehesten bei P = (1-P)
= 1/2. Weichen die Gesamtgruppenprozentsätze von diesen Bedingungen ab, so sind die Sampleverteilungen (besonders bei
kleinem n) linksschief bzw. rechtsschief.

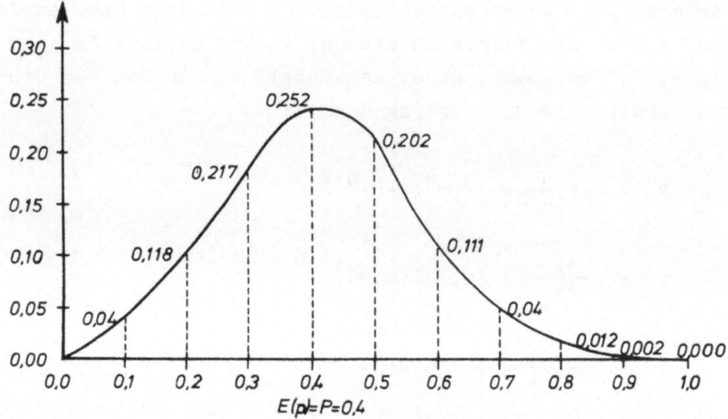

Abb. 17. Theoretische Häufigkeitsverteilung von Sampleprozentsätzen bei einem Sampleumfang von n = 10 und einem Gesamtgruppenprozentsatz von P = 40 %

Vergleichen wir Abb. 17 mit Abb. 16, dann erkennen wir, daß unterschiedliche Maßstäbe für die Ordinate gewählt wurden. Dies wurde aus folgendem Grund notwendig: Die Ordinaten repräsentieren Wahrscheinlichkeiten für bestimmte Samplezusammensetzungen. Die Addition der verschiedenen Wahrscheinlichkeiten aller möglichen Zusammensetzungen ergibt Eins. Da mit größer werdendem n die Zahl möglicher Kombinationen größer wird, also mehr Ordinaten zu beobachten sind, andererseits die Addition der Wahrscheinlichkeiten bzw. Ordinaten 1 ist, müssen diese mit wachsendem n immer kleiner werden, was uns in diesem Fall zu einer Veränderung des Maßstabs bewog.

Wenden wir uns der Abb. 17 zu. Wir erkennen, daß bestimmte Samplezusammensetzungen wahrscheinlicher sind als andere. Am häufigsten werden wir in einem Massenexperiment Samples mit 4mal "m" und 6mal "w" beobachten können. Unwahrscheinlich sind Samples, in denen kein "m" oder in denen 8-, 9- oder gar 10mal "m" vorkommt. Welche Abweichungen von dem Gesamtgruppenprozentsatz $P = 0,40$ sind noch als "wahrscheinlich" zu betrachten, wenn wir als Unterscheidungskriterium wieder eine Restwahrscheinlichkeit von p (die wir hier mit y bezeichnet haben) $= 0,05$ erlauben? Oder: wie groß ist der Bereich um den Gesamtgruppenprozentsatz $P = 0,40$,[1] der im Massenexperiment 95 % aller Samples umschließt? In unserem Beispiel fallen in den Bereich von $P \pm 0,3 = 0,4 \pm 0,3$ genau 98 % aller zu erwartenden Samples, nämlich folgende möglichen (bei $n = 10$ und $P = 0,4$) Sampleprozentsätze p: 0,1; 0,2; 0,3; 0,4; 0,5; 0,6 und 0,7. Die Wahrscheinlichkeiten für diese Sampleprozentsätze betragen: $0,04 + 0,118 + 0,217 + 0,252 + 0,202 + 0,111 + 0,04 = 0,98$. In den Bereich von $P \pm 0,29 = 0,4 \pm 0,29$ fallen nur noch 90 % aller zu erwartenden Samples. Die möglichen Sampleprozentsätze $p = 0,1$ und $p = 0,7$ werden von diesem Bereich nicht mehr erfaßt; entsprechend subtrahieren wir die beiden Wahrscheinlichkeiten von 0,98: $0,98 - 2(0,04) = 0,90$. (Daraus, daß die beiden Wahrscheinlichkeiten bis auf die zweite Stelle hinter dem Komma gleich sind, kann man schon erkennen, daß die Sampleverteilung nicht stark linksschief bzw. rechtsschief sein kann, obwohl $P \neq (1-P)$ ist.) Einen sinnvollen Bereich, der genau 95 % aller möglichen Samples umfaßt, können wir in unserem Fall also nicht angeben. Dies wäre uns aber möglich,

---

1) Die Sampleverteilung hat wieder - wie wir schon von der Diskussion der Sampleverteilung her wissen - ihr Maximum in dem Punkt auf der x-Achse, der dem Gesamtgruppenprozentsatz P entspricht: $E(p) = P$.

Tabelle 8:

Berechnung der Wahrscheinlichkeiten für bestimmte Sampleprozentsätze p bei einem Gesamt-gruppenprozentsatz P = 0,4 und einem Sampleumfang von n = 10 (aufgerundet)

Anzahl der "m" im Sample (k)	Berechnung: $y = \dfrac{n!}{k!\ (n-k)!} \cdot p^k \cdot (1-p)^{n-k}$	Wahr-schein-lich-keit y	Sampleprozentsatz $p = \dfrac{k}{n}$
0	$\dfrac{10!}{0!\ (10-0)!} \cdot (0,4)^0 \cdot (0,6)^{10-0} = 1\cdot 1,0 \cdot 0,006 =$	0,006	0,00
1	$\dfrac{10!}{1!\ (10-1)!} \cdot (0,4)^1 \cdot (0,6)^{10-1} = 10\cdot 0,4 \cdot 0,010 =$	0,040	0,10
2	$\dfrac{10!}{2!\ (10-2)!} \cdot (0,4)^2 \cdot (0,6)^{10-2} = 45\cdot 0,16 \cdot 0,016 =$	0,118	0,20
3	$\dfrac{10!}{3!\ (10-3)!} \cdot (0,4)^3 \cdot (0,6)^{10-3} = 120\cdot 0,06 \cdot 0,028 =$	0,217	0,30
4	$\dfrac{10!}{4!\ (10-4)!} \cdot (0,4)^4 \cdot (0,6)^{10-4} = 210\cdot 0,02 \cdot 0,047 =$	0,252	0,40
5	$\dfrac{10!}{5!\ (10-5)!} \cdot (0,4)^5 \cdot (0,6)^{10-5} = 252\cdot 0,01 \cdot 0,078 =$	0,202	0,50
6	$\dfrac{10!}{6!\ (10-6)!} \cdot (0,4)^6 \cdot (0,6)^{10-6} = 210\cdot 0,004\cdot 0,130 =$	0,111	0,60
7	$\dfrac{10!}{7!\ (10-7)!} \cdot (0,4)^7 \cdot (0,6)^{10-7} = 120\cdot 0,002\cdot 0,216 =$	0,040	0,70
8	$\dfrac{10!}{8!\ (10-8)!} \cdot (0,4)^8 \cdot (0,6)^{10-8} = 45\cdot 0,001\cdot 0,360 =$	0,012	0,80
9	$\dfrac{10!}{9!\ (10-9)!} \cdot (0,4)^9 \cdot (0,6)^{10-9} = 10\cdot 0,000\cdot 0,600 =$	0,002	0,90
10	$\dfrac{10!}{10!\ (10-10)!} \cdot (0,4)^{10}\cdot (0,6)^{10-10} = 1\cdot 0,000\cdot 1,000 =$	0,000	1,00

wenn der Sampleumfang n erhöht würde. Die Zahl der Ordinaten (in unserem Fall 11) steigt mit dem Sampleumfang. Sie ist immer um 1 größer als der Sampleumfang n.

Wir können also durch Expansion von $\left[P + (1-P)\right]^n$ feststellen, wie wahrscheinlich bestimmte Sampleprozentsätze p bei gegebenem Grundgesamtheitsprozentsatz P noch sind. Wäre uns nun die Standardabweichung unserer Sampleverteilung σ_p bekannt, könnten wir aufgrund der gleichen Überlegungen, wie wir sie in Kapitel 3. (S. 38 f) angestellt haben, von einem einzigen Sampleprozentsatz p auf den Gesamtgruppenprozentsatz P schließen bzw. einen Bereich errechnen, in dem der Gesamtgruppenprozentsatz P mit einer bestimmten Wahrscheinlichkeit (z. B. 0,95) zu vermuten wäre.

Nun läßt sich mathematisch ableiten, daß die Gleichung der Binomialverteilung

$$y \;=\; \frac{n!}{k!(n-k)!}\; P^k (1-P)^{n-k} \tag{29}$$

unter den Bedingungen, daß $P = (1-P) = 1/2$ und n unendlich groß ist, in die Gleichung der Normalverteilung übergeht:

$$y \;=\; \frac{1}{\sigma_x \sqrt{2\pi}}\; e^{-\frac{1}{2}\left(\frac{x-\bar{x}}{\sigma_x}\right)^2} \tag{30}$$

Unter diesen Bedingungen ist der Standardfehler eines Prozentsatzes wie folgt zu bestimmen (zur Ableitung vgl. Neurath, 10, S. 153 und 183 ff):

$$\hat{\sigma}_p \;=\; \sqrt{\frac{p(1-p)}{n}} \tag{31}$$

wobei p in unserem bisher verwendeten Beispiel der Anteil
der Männer im Sample und n der Sampleumfang ist.

Damit können wir analog zu den Ausführungen in Kapitel 3.
und zur Abb. 12 den Vertrauensbereich des Gesamtgruppenpro-

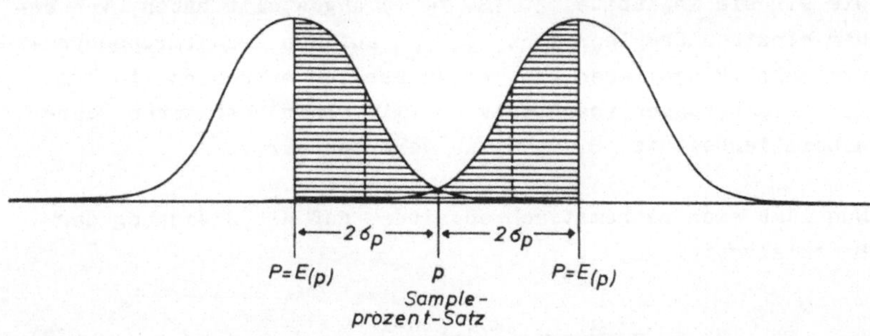

Abb. 18. Der Vertrauensbereich für einen Sampleprozentsatz p

zentsatzes P bestimmen (Abb. 18):

$$P = p \pm z\hat{\sigma}_p = p \pm z\sqrt{\frac{p(1-p)}{n}} \qquad (32)$$

Oder: Der Gesamtgruppenprozentsatz P liegt mit einer bestimmten Sicherheit (bei einer Sicherheit von 0,95 ist
z = 2) in folgendem Bereich:

$$p - z\hat{\sigma}_p \leq P \leq p + z\hat{\sigma}_p \qquad (33)$$

Bei der Berechnung des Vertrauensbereiches müssen wir uns
aber immer vor Augen halten, unter welchen Bedingungen diese
Formeln angewendet werden dürfen, nämlich nur dann, wenn die
Gesamtgruppenprozentsätze P und (1-P) gleich groß sind
und n , der Sampleumfang, unendlich groß ist. Das ist in der
Praxis aber nicht immer der Fall. P wird nicht immer 1/2
sein, und der Sampleumfang n ist immer endlich und kann
mitunter sehr kleine Werte annehmen.

Trotzdem können wir, wenn wir bestimmte Grenzen beobachten,
die angeführten Formeln verwenden. Freilich müssen wir bei
Abweichungen von den angeführten Bedingungen (n = ∞ ,
P = 0,5) Ungenauigkeiten in Kauf nehmen. Sie sind aber zu
vernachlässigen, wenn wir folgende Mindestbedingungen beachten (nach Neurath, 10, S. 186):

1. Der Sampleumfang soll nicht kleiner sein als n = 25 ,
   und zwar soll er um so größer sein, je näher der Sampleprozentsatz p an 0 bzw. an 1 liegt, da in diesem
   Fall die Sampleverteilung rechtsschief bzw. linksschief
   ist und keine Normalverteilung bildet. Bei intervall-
   skalierten Daten konnten wir - durch Einführung der Bedingung, daß das Merkmal in der Grundgesamtheit normalverteilt ist - auch Samplegrößen von n kleiner 30
   erlauben. Dies ist natürlich im "Binomial"-Fall nicht
   möglich. Hier liegen nur zwei Merkmalsausprägungen vor,
   also keine Normalverteilung der Merkmale (vgl. Abb. 15).

2. Die Formeln sind nicht anzuwenden, wenn der kleinere der
   beiden Sampleprozentsätze, also p oder (1 - p), kleiner
   ist als 10 % oder der größere größer als 90 % ist (für
   kleinere Werte von p greift man auf die Poisson-Verteilung zurück, auf die hier aber nicht eingegangen
   werden soll).

3. Die kleinere der beiden im Sample erscheinenden Häufigkeiten soll nicht kleiner als 5 sein.

Beispiel:

Ein Sample von der Größe n = 25 wurde aus einer Grundgesamtheit zufällig gezogen. Der Sampleprozentsatz p beträgt
0,20. Wie groß ist der Gesamtgruppenprozentsatz P ?

Die Lösung der Aufgabe zerlegen wir wieder in einzelne
Schritte: Sind die notwendigen Bedingungen erfüllt? Wahl
des Signifikanzniveaus und Rechengang.

1. Die drei aufgeführten Bedingungen sind erfüllt.

   a) Das Sample ist nicht kleiner als 25.

   b) Der kleinere der beiden Sampleprozentsätze ist nicht
      kleiner als 10 %.

   c) Keine Teilhäufigkeit ist kleiner als 5. In unserem
      Fall beträgt die kleinere der beiden:
      $p \cdot n = 0,20 \cdot 25 = 5$

Obwohl hier also ein Grenzfall vorliegt, ist die (theoretische) Häufigkeitsverteilung der Samplemaßzahl p so
verteilt, daß sie einer Normalverteilung ähnelt und z. B.
im Bereich von $p \pm 2\sigma_p$ ungefähr 95 % aller möglichen
Sampleprozentsätze zu erwarten sind. Die angegebenen Formeln können also verwendet werden.

2. Zufallsauswahl ist gewährleistet.

3. Die Restwahrscheinlichkeit soll 0,05 betragen.

4. Rechengang:

$$P = p \pm 2\hat{\sigma}_p = 0,20 \pm 2\sqrt{\frac{0,2(1-0,2)}{25}}$$

$$= 0,20 \pm 2\sqrt{\frac{0,2 \cdot 0,8}{25}}$$

$$= 0,20 \pm 2\sqrt{\frac{0,16}{25}}$$

$$= 0,20 \pm 2\frac{0,4}{5}$$

$$= 0,20 \pm 0,16$$

5. Mit 95 %-iger Sicherheit liegt der Gesamtgruppenprozentsatz P in den angeführten Grenzen

$$0,04 \leq P \leq 0,36 \ .$$

5. Prüfung der Unterschiede zwischen Stichproben

Bisher haben wir immer nur ein Sample bei unseren Berechnungen berücksichtigt. Die Frage lautete entweder: "Wie groß ist der Parameter der Grundgesamtheit bei Kenntnis einer Samplemaßzahl?" oder: "Welche Samplemaßzahl wird bei Kenntnis der Parameter der Grundgesamtheit erwartet?" In diesem und den folgenden Kapiteln wenden wir uns nun den Testverfahren zu. Sie sollen uns eine Hilfe sein, wenn wir zu entscheiden haben, ob die Variation einer abhängigen Variablen zwischen verschiedenen Samples noch durch den Zufall erklärt werden kann, oder ob andere Faktoren zur Erklärung herangezogen werden müssen. Zum besseren Verständnis soll die Vorgehensweise anhand eines Beispiels durchgespielt werden.

5.1. Signifikanztests für Prozentwerte

Beispiel:
Eine repräsentative Auswahl wurde vor der Bundestagswahl 1969 nach der beabsichtigen Wahlentscheidung befragt. In Schleswig-Holstein ergab sich bei einem Auswahlumfang von $n = 1200$ ein Anteil (p_1) für die CDU von 45 %. In Rheinland-Pfalz wollten von den Befragten (1500) 40 % (p_2) ihre Stimme der CDU geben.

Frage: Ist der CDU-Anhang in Rheinland-Pfalz tatsächlich kleiner als in Schleswig-Holstein oder kann der Unterschied (45 % - 40 % = 5 %) auch zufällig zustande gekommen sein?

Wenn wir unterstellen, daß keine Unterschiede zwischen der Wählerschaft in Schleswig-Holstein und der in Rheinland-Pfalz bestehen, kann es aufgrund der Zufallsvariation vorkommen, daß wir zwei Samples ziehen, deren Maßzahlen differieren. Wie groß darf diese Differenz $(p_1 - p_2)$ sein, um noch als vom Zufall bedingt angesehen werden zu können?

Wir gehen nun wie folgt vor:
Den Anteil aller CDU-Wähler in SH bezeichnen wir mit P_1, den entsprechenden Anteil in RLPf mit P_2. Die Differenz beider Parameter wird folglich mit $(P_1 - P_2)$ bezeichnet. Diese Differenz kann Null sein, d. h. in beiden Ländern gibt es gleich viel CDU-Wähler, sie kann aber auch von Null abweichende Werte annehmen. Ziehe ich nun aus diesen Grundgesamtheiten jeweils ein Sample, kann ich wieder eine Differenz der CDU-Wahlhäufigkeit bilden $(p_1 - p_2)$. Diese Differenz kann von der Differenz in den beiden Grundgesamtheiten zufällig abweichen. Ziehe ich aber "unendlich" viele Samplepaare, werden sich die Differenzen $(p_1 - p_2)$ um die wahre Differenz der Grundgesamtheiten $(P_1 - P_2)$ "normal" verteilen. Das heißt, eine Differenz $(p_1 - p_2)$, die der aus den beiden Grundgesamtheiten gebildeten $(P_1 - P_2)$ gleich

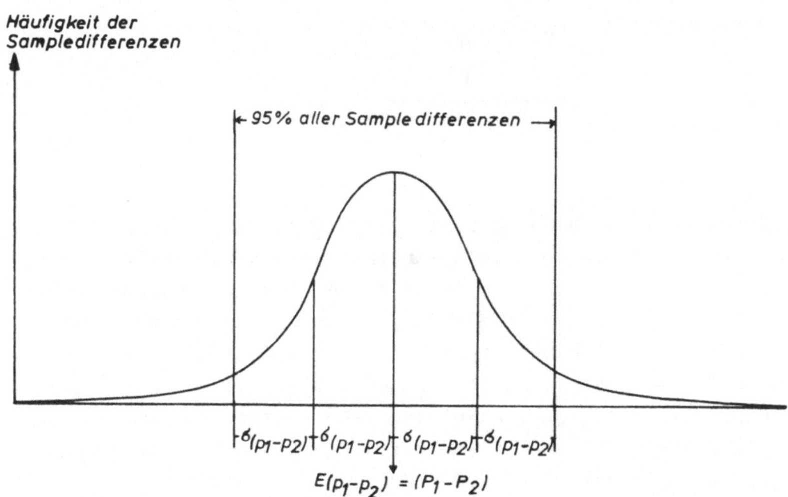

Abb. 19. Sampleverteilung (unendlich vieler) Sampledifferenzen

ist oder nahe kommt, wird relativ häufig vorkommen, größere
Unterschiede der Differenzen werden seltener zu beobachten
sein. Die Sampledifferenzen werden eine Normalverteilung
bilden (vgl. Abb. 19). Der Modalwert (arithm. Mittel, Median) entspricht der Gesamtgruppendifferenz (P_1-P_2). Die
Standardabweichung $(\sigma_{(P_1-P_2)})$ läßt sich wieder mathematisch ableiten (vgl. hierzu Neurath, 10, S. 183 ff).

Sie wird wie folgt berechnet:

$$\sigma_{(P_1-P_2)} = \sqrt{\sigma^2_{P_1} + \sigma^2_{P_2}} = \sqrt{\frac{P_1(1-P_1)}{n_1} + \frac{P_2(1-P_2)}{n_2}} \qquad (34)$$

Diese Formel enthält aber noch die uns unbekannten Anteile
(P_1 bzw. P_2) der Grundgesamtheit (CDU-Wähler-Anteile in SH
und RLPf); diese werden wiederum durch die Sampleprozentsätze p_1 und p_2 ersetzt. Es ergibt sich somit für die
Schätzung von $\sigma_{(P_1-P_2)}$:

$$\hat{\sigma}_{(P_1-P_2)} = \sqrt{\frac{p_1(1-p_1)}{n_1} + \frac{p_2(1-p_2)}{n_2}} \qquad (35)$$

In unserer Normalverteilung aller (unendlich vieler) Samplepaardifferenzen liegen innerhalb des Bereichs $(P_1-P_2) \pm
1\sigma_{(P_1-P_2)}$ wieder 68,26 % aller Fälle. Oder mit anderen Wor-
ten: Ziehen wir je ein Sample aus SH und aus RLPf, dann
werden wir mit einer Sicherheit von 68,26 % eine Differenz
der CDU-Wähleranteile (p_1-p_2) erhalten, die von P_1-P_2 nicht
mehr als $\pm 1\sigma_{(P_1-P_2)}$ abweicht. Sehr wahrscheinlich (mit einer Sicherheit von 95,5 %) wird die Differenz der CDU-An-
teile im Bereich $(P_1-P_2) \pm 2\sigma_{(P_1-P_2)}$ liegen.

Wäre uns die Differenz in den Grundgesamtheiten $(P_1 - P_2)$ bekannt, dann könnten wir berechnen, ob unsere Sampledifferenz $(p_1 - p_2)$ noch in den Zwei-Sigma-Bereich fällt und damit bestimmen, ob unsere errechnete Sampledifferenz noch zufällig von der Differenz der Grundgesamtheiten abweicht (d. h. nach unserer Konvention: in dem Bereich $(P_1 - P_2) \pm 2\sigma_{(p_1 - p_2)}$ liegt, in den 95,5 % aller Sampledifferenzen fallen) und damit ein "wahrscheinliches" Ereignis darstellt. Wir könnten wie folgt vorgehen:

1. Wir subtrahieren von der Differenz der Gesamtgruppen $(P_1 - P_2)$ die Differenz der beiden Sampleanteile $(p_1 - p_2)$ und erhalten eine Maßzahl für den Abstand der beiden Differenzen. Da eine Normalverteilung vorliegt, könnten wir mit Hilfe der Kurvengleichung (vgl. Kap. 2.) genau feststellen, wieviel Prozent aller Samplepaare eine solche Maßzahl $x = (P_1 - P_2) - (p_1 - p_2)$ zufällig aufweisen würden, und damit ermitteln, ob dieses Ereignis noch wahrscheinlich ist.

2. Da uns dieses Vorgehen aber zu aufwendig erscheint, <u>standardisieren</u> wir diese Differenz, damit wir die Wahrscheinlichkeit aus unserer z-Tabelle ablesen können:

$$z = \left| \frac{(P_1 - P_2) - (p_1 - p_2)}{\sigma_{(p_1 - p_2)}} \right| \tag{36}$$

Das heißt, wir dividieren unsere Differenz beider Differenzen durch die Standardabweichung $\sigma_{(p_1 - p_2)}$. Liegt unsere Sampledifferenz genau im Abstand von einer Standardabweichung $(\sigma_{(p_1 - p_2)})$, erhalten wir einen Quotienten, d. h. einen z-Wert, von 1. In unserer Tabelle I können wir dafür eine Wahrscheinlichkeit von 0,341 ablesen (34,1 %).

Da natürlich die Sampledifferenz auch kleiner als die Differenz der Grundgesamtheiten sein kann, ist auch folgender Fall denkbar:

$$z = \left| \frac{(p_1 - p_2) - (P_1 - P_2)}{\sigma_{(p_1 - p_2)}} \right| \qquad (37)$$

Auch hier beträgt der Quotient wieder 1 (z = 1), wenn die Sampledifferenz genau im Abstand einer Standardabweichung $\sigma_{(p_1 - p_2)}$ liegt.

3. Durch diese Standardisierung können wir aus unserer z-Tabelle ablesen, wie wahrscheinlich das Auftreten einer bestimmten Sampledifferenz ist - in unserem hypothetischen Beispiel etwa 0,68 (2mal 0,34).

Nun ist uns aber die Differenz in den Gesamtgruppen (P_1-P_2) nicht bekannt. Wir können also auch nicht errechnen, um wieviel unsere Sampledifferenz von ihr abweicht. Damit sehen wir uns auch nicht in der Lage, ihren Wahrscheinlichkeitsgrad zu bestimmen, d. h. festzustellen, ob die Abweichung von der Gesamtgruppendifferenz noch zufällig sein kann.

Dieser unangenehmen Situation entkommen wir durch folgendes Vorgehen. Wir erinnern uns: Für die Wähler in SH hatten wir eine Parteipräferenz festgestellt, die von der in RLPf abwich. Unsere Frage lautete: Kommt diese Differenz zufällig zustande oder zeichnen sich die Wähler in SH durch eine andere Einstellung zur CDU aus als die Wähler in RLPf? Wie wir

gesehen haben, sind wir nicht in der Lage, die Maßzahl für
die Differenz in den Einstellungen der Wähler (P_1-P_2) in
SH und RLPf anzugeben. Wir ziehen uns nun dadurch aus der
Affäre, daß wir eine Differenz in den Grundgesamtheiten ausschließen. Das heißt:

$$P_1 - P_2 = 0$$

Wir fassen dieses Vorgehen in eine Hypothese, die wir H_0
(Nullhypothese) nennen wollen:

H_0: Zwischen den Einstellungen der Wähler in Schleswig-Holstein und Rheinland-Pfalz zur CDU besteht kein Unterschied.

Wenn diese Hypothese richtig ist, dann darf die Differenz
in unseren beiden Samples (p_1-p_2) nur auf den Zufall zurückzuführen sein. Das heißt, diese Sampledifferenz sollte mindestens in den Bereich unserer Häufigkeitsverteilung (vgl.
Abb. 19) fallen, der durch die Grenzen $\pm 2\sigma_{(p_1-p_2)}$ gekennzeichnet ist und der 95,5 % aller Sampledifferenzen bei gegebener Differenz der Grundgesamtheit umfaßt. Fällt die Sampledifferenz größer aus (Restwahrscheinlichkeit 5 %), müssen wir unsere Nullhypothese fallen lassen zugunsten einer
anderen, der Haupt- oder Arbeitshypothese (H_1).

H_1: Die Differenz in den beiden Samples geht auf wirkliche
Unterschiede in den Grundgesamtheiten zurück.

Als Entscheidungskriterium wählen wir wieder einen 2-Sigma-
Bereich, d. h. 95 %-ige Sicherheitsgrenzen bzw. 5 %-iges
Fehlerrisiko. Es geht also nun darum, festzustellen, ob
der Quotient (z-Wert) unserer Formel

$$z = \left| \frac{(P_1 - P_2) - (p_1 - p_2)}{\sigma_{(p_1 - p_2)}} \right|$$

unter dem Wert 2 bleibt oder darüber liegt. Das Vorzeichen bleibt unberücksichtigt.

Ergibt sich ein Quotient von kleiner 2, dann kann man die Differenz in den beiden Samples (p_1-p_2) noch durch den Zufall erklären. Dieses Ergebnis führt zur Bestätigung der Nullhypothese (H_o). Errechnen wir einen Quotienten von grösser 2 (was bei $P_1 = P_2$ sehr unwahrscheinlich wäre), dann wird die Nullhypothese verworfen und die Arbeitshypothese als gültig angenommen. Das heißt, die Differenz in den Samples geht <u>wahrscheinlich</u> darauf zurück, daß die Auswahlen aus unterschiedlichen Grundgesamtheiten gezogen wurden; für unseren Fall hieße das, daß die Parteipräferenzen in den beiden Ländern tatsächlich differierten.

Da nach unserer Nullhypothese $P_1 = P_2$ ist, vereinfacht sich die Formel auf:

$$z = \left| \frac{(p_1 - p_2)}{\sigma_{(p_1 - p_2)}} \right| \tag{38}$$

Der errechnete Betrag wird auch kritischer Quotient genannt (critical ratio), da er darüber entscheidet, ob eine Hypothese (H_o) verworfen oder akzeptiert wird. Ein Quotient von größer 2 gilt als (statistisch) signifikant, d. h. die Differenz (p_1-p_2) ist so groß, daß sie nicht mehr durch den Zufall erklärt werden kann (Ablehnung der Nullhypothese, Akzeptierung der Arbeitshypothese). Ob also meine Nullhypothese ver-

worfen wird oder nicht, hängt von dem kritischen Quotienten
ab. Ein Betrag von 2 bedeutet ein Fehlerrisiko (Signifikanzgrad) von 5 %. Das heißt, es gibt noch eine Restwahrscheinlichkeit von 0,05, daß meine Nullhypothese doch stimmt. Will
man diese Restwahrscheinlichkeit noch weiter einschränken,
muß man eine noch größere Abweichung der Sampledifferenz
zulassen. Erlaubt man z. B. nur eine Restwahrscheinlichkeit
von 1 %, so betrachtet man eine Differenz von 3 Standardabweichungen von der Differenz der Grundgesamtheit $(P_1-P_2) = 3$
noch als wahrscheinlich (das entspricht also einem kritischen
Quotienten von 3). Dadurch, daß man aber das Fehlerrisiko
verringert, die Nullhypothese zu verwerfen, obwohl sie richtig ist, setzt man sich gleichzeitig der Gefahr aus, einen
anderen Fehler zu begehen, nämlich die Haupthypothese zu
verwerfen, obschon sie richtig ist. Zwischen Signifikanzgrad, Nullhypothese und Arbeitshypothese besteht also folgende Beziehung:

Ein niedriger Signifikanzgrad (z. B. 0,05) benachteiligt die
Nullhypothese und begünstigt die Arbeitshypothese. Das heißt,
es besteht die Gefahr, daß ich die Nullhypothese verwerfe,
obwohl sie richtig ist, da in einem Massenexperiment immer
noch in fünf von hundert Fällen Sampledifferenzen auftreten,
die außerhalb des Bereiches von $(P_1-P_2) \pm 2\sigma_{(P_1-P_2)}$ liegen.
Tritt dieser Fall ein, dann ist der kritische Quotient
größer als 2 und wir verwerfen die Nullhypothese, obwohl sie
richtig ist. Diese Fehlermöglichkeit wird als Fehlertyp I
bezeichnet.

Ein hoher Signifikanzgrad (z. B. p = 0,01) begünstigt die
Nullhypothese. Die Sampledifferenzen müssen schon sehr voneinander abweichen, damit H_o verworfen werden kann. Gleichzeitig wird dadurch natürlich die Arbeitshypothese benachteiligt. Die Wahrscheinlichkeit, daß sie akzeptiert wird,

wird geringer. Akzeptieren wir eine Nullhypothese, obwohl
sie falsch ist, sprechen wir vom Fehlertyp II. Gleichgültig,
ob wir das Signifikanzniveau erhöhen oder verringern, wir
laufen Gefahr, einen Fehler zu begehen.

<u>Lösung unseres Beispiels:</u>
Kann der Unterschied in unseren Samples zufällig entstanden
sein oder besitzt die CDU in Rheinland-Pfalz tatsächlich
einen geringeren Anhang?

<u>Vorgehen:</u>

1. <u>Prüfverteilung:</u>
   Bei einem Sampleumfang von n_1 = 1200 bzw. n_2 = 1500 und
   Prozentsätzen von p_1 = 0,45 bzw. p_2 = 0,40 erfüllen wir
   die notwendigen Bedingungen, um die z-Verteilung benutzen
   zu können.

2. <u>Auswahlverfahren:</u>
   Zufallsauswahl ist gewährleistet.

3. <u>Formulierung einer Nullhypothese:</u>
   Der Anteil der CDU-Wähler in Schleswig-Holstein ist
   gleich dem Anteil der CDU-Wähler in Rheinland-Pfalz:
   P_1 = P_2. Das impliziert, daß die Varianzen in den beiden Populationen identisch sind: $\sigma^2_{P_1} = \sigma^2_{P_2}$

   Denn:

$$\sigma_{P_1} = \sqrt{P_1 \cdot (1 - P_1)} = \sigma_{P_2} = \sqrt{P_2 \cdot (1 - P_2)} \, ,$$

   wenn P_1 = P_2 ist.

4. <u>Wahl des Signifikanzniveaus:</u>

Wir entscheiden uns für ein Signifikanzniveau von p = 0,05.
Die Festsetzung der Restwahrscheinlichkeit hat jeweils vor
dem Rechengang zu erfolgen. Eine Fixierung nach der Berechnung könnte den Forscher dazu verführen, ein Signifikanzniveau zu wählen, das die Bestätigung einer Lieblingshy-
pothese begünstigt.

5. <u>Rechengang:</u>

$$\hat{\sigma}_{(p_1 - p_2)} = \sqrt{\frac{0,45(1 - 0,45)}{1200} + \frac{0,40(1 - 0,40)}{1500}}$$

$$\hat{\sigma}_{(p_1 - p_2)} = \sqrt{\frac{0,45 \cdot 0,55}{1200} + \frac{0,40 \cdot 0,60}{1500}}$$

$$\hat{\sigma}_{(p_1 - p_2)} = 0,019$$

$$z = \frac{0,45 - 0,40}{0,019} > 2$$

6. <u>Entscheidung über die Nullhypothese:</u>

H_0 wird verworfen. Mit 95 %-iger Sicherheit besitzt die
CDU in Schleswig-Holstein einen größeren Anhang als in
Rheinland-Pfalz. Es besteht aber immer noch die Möglichkeit, einen Fehler vom Typ I begangen zu haben, nämlich
die Nullhypothese verworfen zu haben, obwohl sie richtig
war.

5.2. Signifikanztests für Mittelwerte

5.2.1. Der z-Test, $(n_1 + n_2) \geq 30$

Die Vorgehensweise bei der Prüfung von Mittelwertsunterschie-
den gleicht der oben dargestellten für Prozentwerte. Auf die
Bedingung, daß die Merkmale in den beiden Populationen normalverteilt sind, braucht nicht zurückgegriffen zu werden.
Selbst bei großen Abweichungen von der Normalverteilung und
relativ kleinen Samples entspricht die Verteilung der Differenzen aller möglicher Samplemittelwerte der Normalverteilung. Dies resultiert aus der großen Anzahl möglicher Sampledifferenzen auch bei geringer Grundgesamtheit. Besteht
z. B. die Grundgesamtheit I aus 7 und die Grundgesamtheit II
aus 5 Einheiten, dann können aus der Grundgesamtheit I bei
einem Sampleumfang von n_a = 3 insgesamt $\binom{7}{3} = \frac{7!}{3! \cdot 4!}$ = 35 Samples gezogen werden, die sich voneinander zumindest in einem
Element unterscheiden, während aus der Grundgesamtheit bei
einem Sampleumfang von n_b = 2 insgesamt $\binom{5}{2} = \frac{5!}{2! \cdot 3!}$ = 10 unterschiedliche Samples gezogen werden können. Die zwei Sampleverteilungen aller möglichen Mittelwerte von Samples der
Grundgesamtheiten I und II werden kaum einer Normalverteilung ähneln, dafür sind die Zahlen zu gering. Die Sampleverteilung aller möglichen Differenzen der Samplemittelwerte
$(x_1 - x_2)$ wird aber schon aus 35 · 10 = 350 möglichen Differenzen gebildet. Um eine Normalverteilung aller möglichen
Differenzen $(x_1 - x_2)$ bei nicht normalverteilter Grundgesamtheit zu erhalten, genügt ein Auswahlumfang von $(n_1 + n_2) \geq 30$.

In diesem Fall wird auch die durch Transformation standardisierte Sampleverteilung (aller Differenzen) normalverteilt
sein.

$$z = \frac{E(\bar{x}_1 - \bar{x}_2) - (\bar{x}_1 - \bar{x}_2)}{\sigma(\bar{x}_1 - \bar{x}_2)} \qquad (38\,a)$$

Analog zu (34) ist der Standardfehler der Sampleverteilung $\sigma_{(\bar{x}_1 - \bar{x}_2)}$ die Wurzel aus den addierten Varianzen der Sampleverteilung der Mittelwerte:

$$\sigma_{(\bar{x}_1-\bar{x}_2)} = \sqrt{\sigma_{\bar{x}_1}^2 + \sigma_{\bar{x}_2}^2} \tag{39}$$

$$\sigma_{(\bar{x}_1-\bar{x}_2)}^2 = \sigma_{\bar{x}_1}^2 + \sigma_{\bar{x}_2}^2 \tag{40}$$

Daß die Varianz der Sampleverteilung der Differenzen sich aus der Addition der Varianzen der Sampleverteilungen der Mittelwerte $\bar{x}$ ergibt, sollte nicht verwundern, da zwei Fehlerquellen vorliegen und diese sich addieren.

Wir erinnern uns, daß der Standardfehler $\sigma_{\bar{x}}$ der Sampleverteilung der Mittelwerte $\bar{x}$ wie folgt bestimmt wurde:

$$\sigma_{\bar{x}} = \frac{\sigma_x}{\sqrt{n}} \tag{8}$$

Entsprechend ist

$$\sigma_{\bar{x}}^2 = \frac{\sigma_x^2}{n}$$

Dies setzen wir in (39) ein und erhalten:

$$\sigma_{(\bar{x}_1-\bar{x}_2)} = \sqrt{\frac{\sigma_{x_1}^2}{n_1} + \frac{\sigma_{x_2}^2}{n_2}} \tag{41}$$

Die Varianz σ_x^2 der Grundgesamtheit ist uns aber in der Regel nicht bekannt. Bei einem Auswahlumfang von $n \gtreqless 30$ können wir aber, wie schon dargelegt, die Samplevarianz s_x^2 als Schätzwert verwenden, so daß wir erhalten:

$$\hat{\sigma}_{(\bar{x}_1 - \bar{x}_2)} = \sqrt{\frac{s_{x_1}^2}{n_1} + \frac{s_{x_2}^2}{n_2}} \tag{42}$$

Nun sind wir in der Lage, den kritischen Quotienten für eine bestimmte beobachtete Differenz zweier Samplewerte $(\bar{x}_1 - \bar{x}_2)$ zu berechnen. Entsprechend unserer Nullhypothese $E(\bar{x}_1) - E(\bar{x}_2) = E(\bar{x}_1 - \bar{x}_2) = \mu_1 - \mu_2 = 0$ folgt aus (38):

$$z = \left| \frac{\bar{x}_1 - \bar{x}_2}{\sqrt{\dfrac{s_{x_1}^2}{n_1} + \dfrac{s_{x_2}^2}{n_2}}} \right| \tag{43}$$

Da wir nur daran interessiert sind, in welchem Bereich um den Mittelwert der Sampleverteilung $E(\bar{x}_1 - \bar{x}_2)$ unsere beobachtete Differenz $(\bar{x}_1 - \bar{x}_2)$ liegt, bleibt das Vorzeichen wieder unberücksichtigt.

Zusammenfassend können wir feststellen: Die theoretische Verteilung der Sampledifferenzen gleicht der Normalverteilung schon bei relativ kleinen Samples $(n_1 + n_2 \gtreqless 30)$, obwohl in den Teilpopulationen keine Normalverteilung der Merkmale vorliegt. Den Standardfehler unserer hypothetischen Verteilung schätzen wir mit Hilfe der Standardabweichung unserer Samples s_{x_1} und s_{x_2} :

$$s_x = \sqrt{\frac{\sum (x_1 - \bar{x})^2}{n}}$$

Bei nicht zu kleinem n erlaubt sie gute Schätzungen von
σ_x; außerdem ist dann lineare Transformation der Sampleverteilung möglich (vgl. hierzu 3.1.1), so daß wir auf die
z-Verteilung als Prüfverteilung zurückgreifen können. Entsprechend wollen wir als Voraussetzung für die Anwendung des
z-Tests einen Sampleumfang $n_1 + n_2 \geq 30$ fordern. In diesem
Fall ist eine Normalverteilung der Merkmale in der Grundgesamtheit nicht erforderlich, da schon bei kleineren Samplegrößen die Sampleverteilung der Sampledifferenzen $(\bar{x}_1 - \bar{x}_2)$
der Normalverteilung sehr ähnlich ist.

Aufgabe:

Im Anschluß an 3.1.1. wurde eine Aufgabe gestellt (vgl.
S. 55), bei der von einer Samplemaßzahl auf den Parameter
der Grundgesamtheit geschlossen werden sollte. Wir erinnern
uns: Der DSB wollte für eine Datei Leistungsmerkmale er-
wachsener Vereinsfußballer erfassen, u.a. auch den Wadenumfang. Diese Aufgabe findet hier eine Fortsetzung:

Durch eine gezielte Indiskretion wird die Tatsache der
Befragung und vor allem das Durchschnittsmaß bekannt. Ein
Trainersprecher äußert die Befürchtung, daß durch solche
Daten der "Kraftmeierei" gegenüber dem technischen Können
übermäßiges Gewicht zugesprochen werde. Er zweifelt zudem
das genannte Maß als viel zu hoch an und vermutet schwere
methodische Vergehen bei der Auswahl. Eine von ihm
initiierte Blitzerhebung (Zufallsauswahl) führt zu
folgenden Ergebnissen:

$n = 1600$, $\bar{x} = 41,0$ cm, $s_x = 4,0$ cm

a) Bestimmen Sie den Vertrauensbereich des Parameters bei einer Irrtumswahrscheinlichkeit von 0,05!

b) Kann diese Differenz der Mittelwerte zufällig zustande gekommen sein? (Irrtumswahrscheinlichkeit: 0,05)

a) <u>Vorgehen:</u>

1. Diskussion der Voraussetzungen, die der zu wählende Signifikanztest erfordert: Da n > 30, ist Normalverteilung nicht erforderlich. Lineare Transformation ist möglich. Anwendung des z-Tests erlaubt.

2. Zufallsauswahl ist gewährleistet.

3. p = 0,05

4. Rechengang:

$$\bar{x} - 2\hat{\sigma}_{\bar{x}} \leq \mu \leq \bar{x} + 2\hat{\sigma}_{\bar{x}}$$

$$\bar{x} - 2\frac{s_x}{\sqrt{n}} \leq \mu \leq \bar{x} + 2\frac{s_x}{\sqrt{n}}$$

$$41,0 - 0,2 \leq \mu \leq 41,0 + 0,2$$

$$40,8 \leq \mu \leq 41,2$$

5. Mit einer Irrtumswahrscheinlichkeit von p = 0,05 liegt der Parameter der Grundgesamtheit in den angegebenen Grenzen.

b) <u>Vorgehen:</u>

1. - 3. vgl. (a)

4. Formulierung der Nullhypothese: Die Differenz zwischen den beiden Mittelwerten geht auf den Zufall zurück.

$$H_0: \quad \mu_1 - \mu_2 = 0$$

5. Rechengang:

$$\bar{x}_1 = 44,0 \text{ cm} \qquad\qquad \bar{x}_2 = 41,0 \text{ cm}$$

$$n_1 = 1000 \qquad\qquad n_2 = 1600$$

$$s_{x_1} = 4,5 \text{ cm} \qquad\qquad s_{x_2} = 4,0 \text{ cm}$$

$$\hat{\sigma}_{(\bar{x}_1 - \bar{x}_2)} = \sqrt{\frac{s_{x_1}^2}{n_1} + \frac{s_{x_2}^2}{n_2}} = \sqrt{\frac{4,5^2}{1000} + \frac{4,0^2}{1600}}$$

$$\hat{\sigma}_{(\bar{x}_1 - \bar{x}_2)} = 0,174$$

$$z = \left| \frac{\bar{x}_1 - \bar{x}_2}{\hat{\sigma}_{(\bar{x}_1 - \bar{x}_2)}} \right| = \frac{3,0}{0,174} = 17,2$$

6. Bei $p = 0,05$ dürfte der kritische Quotient höchstens 2 sein. Die Differenz ist überzufällig. Wir verwerfen $H_0: \mu_1 - \mu_2 = 0$ und akzeptieren $H_1: \mu_1 - \mu_2 \neq 0$.

5.2.2. Der t-Test, $(n_1 + n_2) < 30$

Wie wir schon in Kapitel 3. und unter 5.2.1. dargelegt haben, gleicht die theoretische Verteilung der Maßzahl $\bar{x}$
und $(\bar{x}_1 - \bar{x}_2)$ bei kleinem Sample nicht mehr der Normalverteilung, es sei denn, das Merkmal ist in der Grundgesamtheit normalverteilt. Darüber hinaus ist bei kleinem Stichprobenumfang keine lineare Transformation mehr möglich, da
die Samplevarianzen s_x^2, die zur Schätzung des Standardfehlers herangezogen werden, starken Schwankungen unterliegen.
In diesem Fall müssen wir auf die t-Verteilung als Prüfverteilung zurückgreifen. Prüfen wir also die Unterschiede zwischen zwei Mittelwerten, und ist $n_1 + n_2 < 30$, dann muß
die Bedingung der Normalverteilung in der Grundgesamtheit
erfüllt sein und die t-Verteilung als Prüfverteilung herangezogen werden. Bei kleinen Samples wird es für die Schät-
zung des Standardfehlers $\hat{\sigma}_{(\bar{x}_1 - \bar{x}_2)}$ auch bedeutsam, ob die
Varianzen in den Teilpopulationen gleich $(\sigma_{x_1}^2 = \sigma_{x_2}^2)$ oder
ungleich sind $(\sigma_{x_1}^2 \neq \sigma_{x_2}^2)$.

5.2.2.1. Gleiche Varianzen, $\sigma_{x_1}^2 = \sigma_{x_2}^2$

Bei gleichen Varianzen wird die Standardabweichung der Verteilung der Sampledifferenzen nach Formel (44) geschätzt:

$$\hat{\sigma}_{(\bar{x}_1 - \bar{x}_2)} = \sqrt{\frac{n_1 s_{x_1}^2 + n_2 s_{x_2}^2}{n_1 + n_2 - 2}} \cdot \sqrt{\frac{n_1 + n_2}{n_1 n_2}} \qquad (44)$$

Dabei werden die beiden Standardabweichungen s_{x_1} und s_{x_2}
mit dem zugehörigen Sampleumfang gewichtet. Entsprechend erhält die Standardabweichung ein größeres Gewicht, die auf
einem größeren n beruht.

Der kritische Quotient wird dann wie folgt bestimmt:

$$t = \left| \frac{\bar{x}_1 - \bar{x}_2}{\sqrt{\dfrac{n_1 s_{x_1}^2 + n_2 s_{x_2}^2}{n_1 + n_2 - 2} \cdot \dfrac{n_1 + n_2}{n_1 n_2}}} \right| \tag{45}$$

Die Freiheitsgrade (df) ergeben sich aus der Addition von
n_1 und n_2 , vermindert um zwei, da wir zur Berechnung
von s_{x_1} und s_{x_2} jeweils einen Freiheitsgrad verloren haben (vgl. hierzu S. 62 und S. 130f):

$$df = n_1 + n_2 - 2$$

5.2.2.2.   <u>Ungleiche Varianzen, $\sigma_{x_1}^2 \neq \sigma_{x_2}^2$</u>

Falls die Varianzen in den Teilpopulationen tatsächlich ungleich sind oder wenn dafür Anhaltspunkte vorliegen sollten,
kann zur Schätzung des Standardfehlers der hypothetischen
Sampleverteilung aller Sampledifferenzen nicht das gewich-
tete Schätzverfahren nach (44) herangezogen werden, sondern
es muß folgende Formel angewandt werden:

$$\hat{\sigma}_{(\bar{x}_1 - \bar{x}_2)} = \sqrt{\frac{s_{x_1}^2}{n_1 - 1} + \frac{s_{x_2}^2}{n_2 - 1}} \tag{46}$$

Dies ist vor allem dann erforderlich, wenn bei sehr unterschiedlichen Varianzen in der Grundgesamtheit die Samples
ungleichen Umfang haben: Der kritische Quotient wird nun
wie folgt berechnet:

$$t = \left| \frac{\bar{x}_1 - \bar{x}_2}{\sqrt{\dfrac{s_{x_1}^{2}}{n_1-1} + \dfrac{s_{x_2}^{2}}{n_2-1}}} \right| \tag{47}$$

Gegenüber (44) ist (46) eine weniger verläßliche Schätzung des Standardfehlers unserer Sampleverteilung, vor allem dann, wenn die Samples von unterschiedlicher Größe sind. Je nachdem, ob n_1 oder n_2 kleiner ist, bekommt der erste bzw. der zweite Summand unter der Wurzel von (46) das größere Gewicht. Damit wird gerade die Standardabweichung bedeutsam, die auf ein kleineres n zurückgeht. Um die daraus resultierenden Schwächen auszugleichen, wird bei ungleichem n nicht die übliche Form, die Freiheitsgrade zu bestimmen (nämlich $n_1 + n_2 - 2 = df$) angewandt, sondern folgende Korrekturformel:

$$df = \frac{\left[\dfrac{s_{x_1}^{2}}{(n_1-1)} + \dfrac{s_{x_2}^{2}}{(n_2-1)} \right]^{2}}{\dfrac{\left[\dfrac{s_{x_1}^{2}}{n_1-1}\right]^{2}}{n_1+1} + \dfrac{\left[\dfrac{s_{x_2}^{2}}{n_2-1}\right]^{2}}{n_2+1}} - 2 \tag{48}$$

5.2.2.3.   <u>Überprüfung, ob $\sigma_{x_1}^{2} = \sigma_{x_2}^{2}$ oder $\sigma_{x_1}^{2} \neq \sigma_{x_2}^{2}$ durch den F-Test</u>

In der Regel werden keine Informationen über die Varianzen in den Teilpopulationen vorliegen. Eine Möglichkeit, zu überprüfen, ob die Varianzen gleich sind oder nicht, bietet der F-Test, der noch eingehend in Kapitel 8. diskutiert wird. Freilich kann auch er uns keine absolute Sicherheit

darüber vermitteln, ob die Varianzen in den Grundgesamtheiten tatsächlich identisch sind, vor allem wenn man bedenkt,
daß bei kleinem Auswahlumfang n die Standardabweichung s_x
bzw. die Varianzen s_x^2 von Auswahl zu Auswahl stark schwanken.

Die Vorgehensweise soll anhand eines __Beispiels__ demonstriert
werden:

Aus zwei Parallelklassen einer Volksschule wird je eine Zufallsauswahl getroffen und die ausgewählten Schüler einem
Test unterworfen. Dabei ergeben sich folgende Werte:

$$n_1 = 15 \qquad\qquad n_2 = 11$$

$$s_{x_1}^2 = 3 \qquad\qquad s_{x_2}^2 = 8$$

$$\bar{x}_1 = 13 \qquad\qquad \bar{x}_2 = 17$$

Lassen die Varianzen $s_{x_1}^2$ und $s_{x_2}^2$ den Schluß zu, daß die
Populationsvarianzen gleich sind?

1. __Wahl der Prüfverteilung:__
   F-Verteilung

2. __Auswahlverfahren:__
   Zufallsauswahl ist gewährleistet.

3. $H_0: \sigma_{x_1}^2 = \sigma_{x_2}^2$

4. __Signifikanzniveau:__
   $p = 0,05$

5. <u>Rechengang:</u>

Der F-Test wird noch eingehend in Kapitel 8. behandelt.
Hier soll nur schematisch die Vorgehensweise skizziert
werden:

a) Der F-Wert ergibt sich aus dem Quotienten beider Varianzen, wobei die größere im Zähler steht:

$$F = \frac{s_{x_2}^2}{s_{x_1}^2} = \frac{8}{3} = 2,66 \tag{49}$$

b) Die Tabelle IV gibt an, wie groß bei gegebenen Freiheitsgraden der Quotient sein muß, um als signifikant
zu gelten.

c) Die Anzahl der Freiheitsgrade beträgt jeweils:

$$df = n - 1$$
$$df_1 = n_1 - 1 = 15 - 1 = 14$$
$$df_2 = n_2 - 1 = 11 - 1 = 10$$

d) Nach Tabelle IV muß der Quotient mindestens 2,60 betragen, um als signifikant zu gelten. (Die Anzahl der
Freiheitsgrade für die Zählervarianz steht im Tabellenkopf, in unserem Fall df = 10. Bei df = 11 wäre In-
terpolation erforderlich.)

6. <u>Entscheidung über H_0: $\sigma_{x_1}^2 = \sigma_{x_2}^2$</u>
H_0 wird verworfen. Mit großer Wahrscheinlichkeit sind die
Varianzen in den Teilpopulationen nicht gleich.

Wollen wir nun die Frage beantworten, ob die beiden Schüler-
gruppen sich in ihren Leistungen unterscheiden, müssen wir
nach 5.2.2.2. vorgehen:

1. <u>Wahl der Prüfverteilung:</u>
   Da $n_1 + n_2 < 30$, greifen wir auf die t-Verteilung zurück. (In diesem Fall ist aber Normalverteilung in der
   Grundgesamtheit erforderlich! Falls darüber keine Angaben gemacht werden, muß überprüft werden, ob diese Bedingung erfüllt ist. Vgl. hierzu z. B. Hays, 4, S.
   580 ff.)

2. <u>Auswahlverfahren:</u>
   Zufallsauswahl ist gewährleistet.

3. H_o: $\mu_1 - \mu_2 = 0$

4. <u>Signifikanzniveau:</u>
   $p = 0,05$

5. <u>Rechengang:</u>
   Da offenbar $\sigma_{x_1} \neq \sigma_{x_2}$, verwenden wir die Formeln nach
   5.2.2.2.

$$\hat{\sigma}_{(\bar{x}_1 - \bar{x}_2)} = \sqrt{\frac{3}{14} + \frac{8}{10}} = \sqrt{0,214 + 0,8} = 1,007$$

Der kritische Quotient ergibt sich nach (47):

$$t = \left|\frac{\bar{x}_1 - \bar{x}_2}{1,07}\right| = \left|\frac{13 - 17}{1,07}\right| = \frac{4}{1,07} = 3,97$$

Zur Bestimmung der Freiheitsgrade wenden wir (48) an, da
die Samples von ungleicher Größe sind:

$$df = \frac{(0,214 + 0,8)^2}{\frac{(0,214)^2}{16} + \frac{(0,8)^2}{12}} - 2 = \frac{1,03}{0,053} - 2 \sim 17$$

Nach Tabelle II muß der kritische Quotient mindestens
2,12 betragen.

6. <u>Entscheidung über H_o</u>:
H_o wird verworfen, da 3,74 > 2,12.

Die Alternativhypothese H_1 wird akzeptiert, nach der
sich die gemessenen Leistungsunterschiede nicht auf den
Zufall zurückführen lassen, sondern klassenspezifisch
sind.

Hätten sich durch den F-Test Anhaltspunkte dafür gefunden,
daß $\sigma_{x_1} = \sigma_{x_2}$ ist, dann wären wir nach 5.2.2.1. vorgegangen. Für diese Annahme spricht nach wie vor eine Restwahrscheinlichkeit von p = 0,05. Wir wollen das Beispiel zu
Übungszwecken nach 5.2.2.1. durchrechnen und verwenden dafür
die Formeln (44) und (45).

$$\hat{\sigma}_{(\bar{x}_1 - \bar{x}_2)} = \sqrt{\frac{15,3 + 11,8}{26 - 2}} \cdot \sqrt{\frac{15 + 11}{165}}$$

$$= \sqrt{5,55} \cdot \sqrt{0,157}$$

$$= 2,36 \cdot 0,4$$

$$= 0,943$$

$$t = \left| \frac{\bar{x}_1 - \bar{x}_2}{0,943} \right| = \frac{4}{0,943} = 4,25$$

Wir sehen, daß die kritischen Quotienten nicht allzusehr
voneinander abweichen. Bei df $= n_1 + n_2 - 2 = 15 + 11 - 2$
$= 24$ Freiheitsgraden verwerfen wir auch in diesem Fall die
Nullhypothese: $4,25 > 2,064$. Wir erkennen aber, welche Zuge-
ständnisse wir bei unserem t-Wert aufgrund der geringeren
Freiheitsgrade machen müssen, wenn wir nicht davon ausgehen
können, daß die Varianzen in den Populationen gleich sind.
In diesem Fall ist (46) bei ungleichem n eine weniger sichere Schätzung des Standardfehlers, der wir durch die Korrektur der Freiheitsgrade Rechnung tragen.

6. Einseitige Tests

Bisher haben wir Tests durchgeführt, denen eine sogenannte "zweiseitige" Fragestellung zugrunde lag. War z. B. die Differenz zweier Mittelwerte $\bar{x}_1$ und $\bar{x}_2$ so groß, daß sie nicht mehr mit der Nullhypothese (H_o: $\mu_1 - \mu_2 = 0$ oder: $\mu_1 = \mu_2$) vereinbar war, dann haben wir diese verworfen und eine Alternativhypothese akzeptiert, nach der die Parameter der Grundgesamtheit differieren (H_1: $\mu_1 - \mu_2 \neq 0$; d. h. $\mu_1 \neq \mu_2$).

Manchmal gibt es aber auch Anhaltspunkte für die Annahme, daß einer der beiden Mittelwerte größer ist als der andere, also z. B. $\mu_1 > \mu_2$. Unsere Nullhypothese könnte dann wie folgt lauten: H_o: $\mu_1 \lessgtr \mu_2$. Das Ergebnis eines Tests, das mit dieser Hypothese nicht vereinbar ist, führt dann zur Annahme der Alternativhypothese H_1: $\mu_1 > \mu_2$. Auch hier soll der Test wieder so durchgeführt werden, daß - akzeptiert man die Alternativhypothese - maximal eine Wahrscheinlichkeit von $p = 0,05$ bleibt, einen Fehler vom Typ I begangen zu haben. Kritische Quotienten von Null und kleiner sind mit der Nullhypothese ($\mu_1 \lessgtr \mu_2$) zu vereinbaren:

$$z = \frac{\bar{x}_1 - \bar{x}_2}{\hat{\sigma}_{(\bar{x}_1 - \bar{x}_2)}} \leq 0$$

Wenn aber $\bar{x}_1 > \bar{x}_2$, dann werden wir einen positiven kritischen Bruch erhalten, und dieser Wert wird gegen unsere H_o sprechen. Freilich kann er zufälligerweise zustande gekommen sein. Das heißt, obwohl H_o ($\mu_1 \lessgtr \mu_2$) tatsächlich gilt, haben wir - zufälligerweise - zwei Samples gezogen, für die gilt: $\bar{x}_1 > \bar{x}_2$. Wie groß darf diese Differenz nun werden, d. h. um wieviel muß $\bar{x}_1$ größer sein als $\bar{x}_2$, damit wir "sicher" sein können, daß unsere Alternativhypothese H_1: $\mu_1 > \mu_2$ zutrifft?

Bisher haben wir H_o dann verworfen, wenn die durch den Standardfehler dividierte Differenz der beiden Mittelwerte so
groß war, daß der kritische Bruch mindestens den Wert zwei
erreichte, wenn also der z-Wert in den schraffierten Bereich
von Abb. 20 fiel.

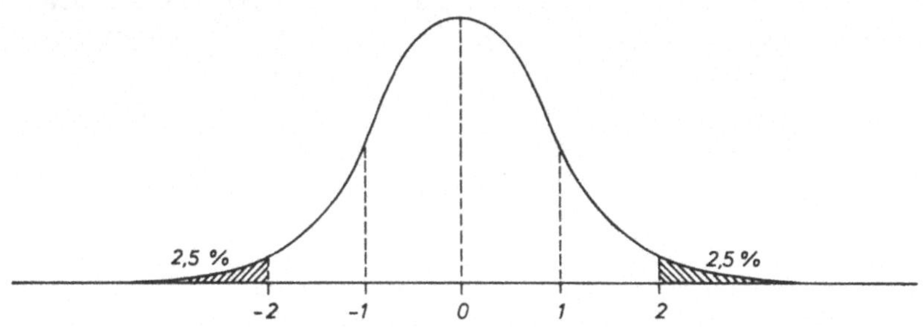

Abb. 20. Standardisierte Normalverteilung

Dabei haben wir das Vorzeichen unberücksichtigt gelassen,
d. h. wir haben H_o verworfen, gleichgültig, ob der kritische Bruch einen positiven oder einen negativen Wert hatte.
Bei einem Signifikanzniveau von p = 0,05 war dabei immer
noch die Möglichkeit gegeben, einen Fehler vom Typ I zu
begehen, nämlich eine (Null-) Hypothese zu verwerfen, obwohl sie richtig war. Das konnte - bei einem Massenexperiment - in 5 % der Fälle geschehen. Davon fielen 2,5 % der
Fälle in den schraffierten Bereich links und weitere 2,5 %
der Fälle in den Bereich rechts vom Maximum. Bei einseitiger Fragestellung werden wir (gleiches Sicherheitsniveau
vorausgesetzt) nun jedoch schon bei einem - absolut betrachtet - kleineren kritischen Bruch die Nullhypothese verwerfen und die Alternativhypothese akzeptieren; denn - wie

schon angedeutet - sind negative z-Werte mit der Nullhypothese vereinbar, nicht jedoch positive Werte. Jedoch selbst wenn die Nullhypothese ($\mu_1 \lessgtr \mu_2$) zutrifft, müssen wir in einem Massenexperiment mit dem Auftreten auch positiver Werte rechnen. Einen wie großen Wert dürfen sie aber erreichen, um noch mit der Nullhypothese vereinbar zu sein, bzw. um noch als wahrscheinlich zu gelten? Wenn tatsächlich $\mu_1 = \mu_2$ ist, dann wird der kritische Quotient nur in fünf von hundert Fällen größer sein als z = 1,645 (Standardabweichungen unserer standardisierten Sampleverteilung unendlich vieler Sampledifferenzen, vgl. Abb. 21).

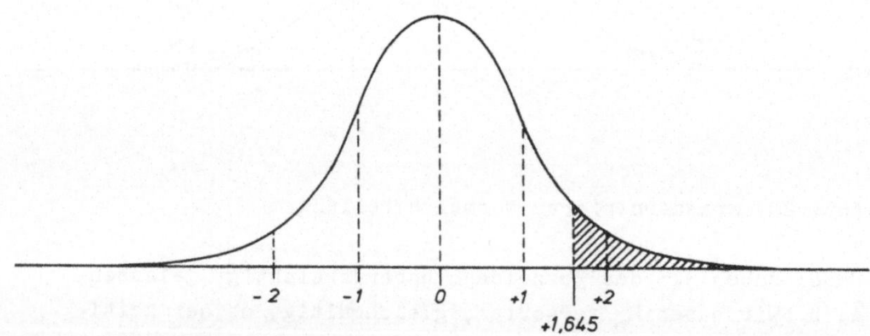

Abb. 21. Standardisierte Normalverteilung, H_o ($\mu_1 \lessgtr \mu_2$) wird verworfen, wenn der kritische Quotient **größer** als 1,645 ist.

Das haben wir schon (bei $\mu_1 = \mu_2$) als "unwahrscheinliches" Ereignis bezeichnet. In einem solchen Fall verwerfen wir H_o und nehmen die Alternativhypothese an, wie immer mit der Gewißheit, einen möglichen Fehler vom Typ I begangen zu haben (für den maximal eine Wahrscheinlichkeit von 0,05 besteht). Ist allerdings μ_1 tatsächlich kleiner als μ_2 - und

auch das ist mit unserer Nullhypothese vereinbar - dann reduziert sich die Wahrscheinlichkeit für diesen Fehler. In
diesem Fall stimmen positive z-Werte mit der Nullhypothese
überein. Natürlich werden wir - selbst wenn $\mu_1 = \mu_2$ tatsächlich zutrifft - in einem Massenexperiment auch negative z-
Werte (transformierte Sampledifferenzen unserer Sampleverteilung) erwarten. Sie werden aber nur in 5 % aller Fälle
<u>kleiner</u> sein als -1,645 (vgl. Abb. 22). Ist der kritische

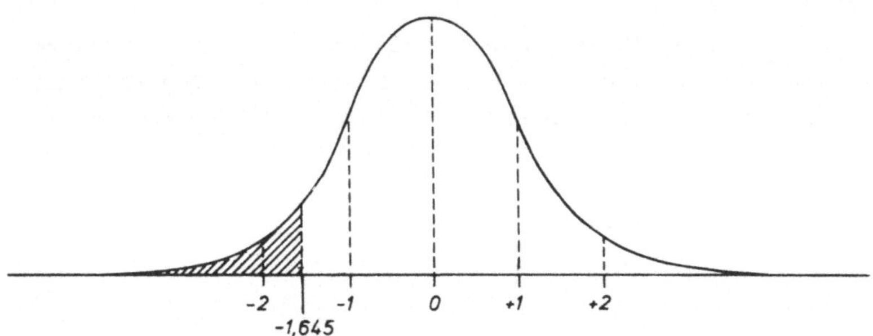

Abb. 22. Standardisierte Normalverteilung, H_o ($\mu_1 - \mu_2$)
wird verworfen, wenn der kritische
Quotient <u>kleiner</u> als -1,645 ist.

Bruch also kleiner als -1,645, dann werden wir die H_o verwerfen und H_1 akzeptieren. Die Wahrscheinlichkeit, einen
Fehler vom Typ I zu begehen, wird dann 0,05 betragen oder
- bei $\mu_1 > \mu_2$ - noch geringer sein.

<u>Beispiel:</u>
Aus den Teilnehmern einer Übung wurde eine Zufallsauswahl
mit dem Umfang n = 28 gezogen. Diese Auswahl wurde nach dem
Zufallsprinzip halbiert und der Experimentalgruppe ein Film
über das glückliche Leben der Bevölkerung des Landes A - ge-

genüber dem ein überwiegend negatives Vorurteil bestand -
vorgeführt. Anschließend wurde die (negative) Vorurteilsin-
tensität der Experimentalgruppe gemessen (metrischer Charak-
ter der Werte sei unterstellt und die Varianzen in den beiden Gruppen als gleich angenommen).

Experimentalgruppe: $\bar{x}_1$ = 4,3 s_1 = 0,74
Kontrollgruppe   : $\bar{x}_2$ = 4,5 s_2 = 0,72

<u>Vorgehen:</u>

1. Da $n_1 + n_2$ < 30 ist, muß Normalverteilung in der Grundgesamtheit vorausgesetzt werden. Lineare Transformation ist
   aufgrund der kleinen Fallzahl nicht möglich. Verwendung
   der t-Verteilung als Prüfverteilung.

2. Zufallsauswahl ist gewährleistet.

3. p = 0,05

4. H_o: $\mu_1 \gtrless \mu_2$ bzw. $\mu_1 - \mu_2 > 0$

5. Rechengang (Formeln 44, 45):

$$\hat{\sigma}_{(\bar{x}_1 - \bar{x}_2)} = \sqrt{\frac{14 \cdot 0,74^2 + 14 \cdot 0,72^2}{14 + 14 - 2}} \cdot \sqrt{\frac{14 + 14}{14^2}} = 0,092$$

$$t = \frac{\bar{x}_1 - \bar{x}_2}{\hat{\sigma}_{(\bar{x}_1 - \bar{x}_2)}} = \frac{4,3 - 4,5}{0,092} = \frac{-0,2}{0,092} = \underline{-2,17 < 1,706}$$

$$df = n_1 + n_2 - 2 = 26$$

6. <u>Entscheidung über H_o</u>:

Positive Werte stimmen mit der Nullhypothese überein. Wir
werden aber auch mit negativen Werten zu rechnen haben,
selbst wenn $\mu_1 = \mu_2$ ist. Aber nur 5 % aller Fälle werden
in einem Massenexperiment kleiner -1,706 sein. Nach unserer Konvention sind wir mit einer solchen Restwahrscheinlichkeit einverstanden. Da -2,17 < -1,706 ist, verwerfen
wir die Nullhypothese und akzeptieren die Alternativhypothese. Mit großer Sicherheit ist die geringere Vorurteils-
intensität in der Experimentalgruppe durch den Film be-
wirkt worden. Freilich besteht die Möglichkeit, einen Fehler vom Typ I begangen zu haben (Nullhypothese verworfen,
obwohl sie richtig ist). Unsere Aussage wird um so unsi-
cherer, je weniger wir unseren Voraussetzungen trauen können. In unserem Fall ist z. B. fragwürdig, ob das Merkmal
in der Grundgesamtheit tatsächlich normalverteilt ist.

In der Regel geben die t-Tabellen nur den Wert für zweiseitige Fragestellungen an. Sie lassen sich jedoch auch für die
einseitige Fragestellung verwenden. Zu diesem Zweck ist es
lediglich erforderlich, das im Tabellenkopf angegebene Sicherheitsniveau zu halbieren. In unserem Fall ist zur Vereinfachung am Fuß der Tabelle II das Sicherheitsniveau für die
einseitige Fragestellung angegeben.

Die Anwendung des einseitigen Tests ist nicht unproblematisch.
Das resultiert daraus, daß die Nullhypothese nicht einen bestimmten Wert für den Parameter der Grundgesamtheit angibt
(z. B. H_o: $\mu_1 - \mu_2 = 0$), sondern eine Richtung (z. B. H_o:
$\mu_1 - \mu_2 < 0$), wir aber für die Sampleverteilung wiederum einen exakten Erwartungswert annehmen ($E(x_1-x_2) = \mu_1 - \mu_2$).
Trotzdem wird weitgehend so verfahren, wie es hier dargestellt wurde. Eine kritische Analyse der logischen Struktur
einseitiger Tests findet sich bei Levy, 6, S. 131 ff.

7. Die Chi-Quadrat-Verteilung

In den vorangegangenen Ausführungen haben wir Möglichkeiten
dargelegt, Signifikanzprüfungen durchzuführen. So konnten
wir z. B. überprüfen, ob die Differenz zwischen den Mittelwerten zweier Stichproben signifikant ist oder nicht (vgl.
S. 94 f). Das heißt, wir haben geprüft, ob diese Differenz
von den Differenzen in der Grundgesamtheit (im Falle der
Nullhypothese haben wir hypothetisch eine Differenz von Null
angenommen, vgl. S. 94 ff) zufällig abweicht (Bestätigung
der Nullhypothese) oder ob die Abweichung der beiden Mittelwerte voneinander auf tatsächliche Unterschiede in den Grundgesamtheiten, aus denen die beiden Stichproben stammen, zurückzuführen ist. Ähnlich sind wir verfahren, wenn nicht der
Unterschied zwischen einem quantitativen Merkmal auf Signifikanz zu prüfen war, sondern die Differenz von Proportionen
(vgl. hier vor allem S. 72 ff). Hier ging es also um qualitative Merkmale mit zwei Ausprägungen (CDU-Präferenz oder
nicht). Als Hilfsmittel für die Überprüfung der Signifikanz
bedienten wir uns der Normalverteilung (bei umfangreichen
Stichproben) bzw. der t-Verteilung (bei kleineren Stichproben, $n < 30$).

Im vorliegenden Abschnitt soll nun eine Vorgehensweise dargestellt werden, die es uns erlaubt, eine Beziehung zwischen
zwei Variablen mit jeweils mehreren Kategorien auf ihre Signifikanz hin zu überprüfen. Der hier zu diskutierende Chi-
Quadrat-Test erlaubt uns, die Beziehung innerhalb kreuzweise
tabulierter Nominalskalen mit (beliebig) vielen Kategorien
auf ihre Signifikanz hin zu testen.

Mit dem Chi-Quadrat-Test können wir z. B. kontrollieren, ob
die in Tabelle 10 "offenkundige" Beziehung zwischen Beruf
und Parteipräferenz mehr ist als ein zufälliges Ergebnis.

Unter Punkt 2 haben wir als Beispiel für ein normalverteiltes
Merkmal das Gewicht und als Grundgesamtheit die bundesrepublikanische Bevölkerung angegeben. Wir erinnern uns, daß
68,3 % der Bevölkerung ein Gewicht besitzen, das im Bereich
von ±10 kg vom Mittelwert 60 kg liegt. Durch lineare Transformation haben wir diese Verteilung in eine standardisierte
Form mit dem Mittelwert 0 und der Standardabweichung 1 über-
führt (vgl. Abb. 7), und zwar nach der Beziehung

$$z = \frac{x - \mu}{\sigma}$$

Das heißt, wir haben von jedem einzelnen beobachteten Wert x
(Gewicht eines Individuums der Grundgesamtheit) den Mittelwert
μ (60 kg) subtrahiert und durch die Standardabweichung σ (hier
10 kg) dividiert. Die resultierenden z-Werte bilden die genannte standardisierte Normalverteilung. Unterstellt man eine Grundgesamtheit von unendlich vielen Individuen, dann besteht unsere Normalverteilung (sowohl die originäre als auch
die standardisierte) aus unendlich vielen x- bzw. z-Werten
zwischen minus und plus unendlich. Es weisen jedoch nicht
nur die x-Werte Normalverteilung auf, sondern auch z. B. die
Samplemaßzahl $\sum x$ (Summe aller x-Werte einer Auswahl mit dem
Umfang n) samt aller Variationen, z. B. $\bar{x} = \frac{\sum x}{n}$ (vgl. S.18 f)
und $\bar{x}_1 - \bar{x}_2 = \frac{\sum x_1}{n_1} - \frac{\sum x_2}{n_2}$ (vgl. hierzu die Parallele auf
S. 104 ff). Die Normalverteilung besteht jeweils aus Werten
zwischen minus und plus unendlich. Es ist unmittelbar ein-
sichtig, daß <u>quadrierte</u> Maßzahlen (z. B. z^2, $\sum x^2$, $s_x^2 = \frac{\sum (x - \bar{x})^2}{n}$, $ns_x^2 = \sum (x-\bar{x})^2$) <u>keine</u> Normalverteilung aufweisen, da sie nur positive Werte annehmen können.

<u>Beispiel:</u>
Gegeben sei eine Population, deren Merkmal x normalverteilt
ist und von der   Mittelwert μ und Standardabweichung σ bekannt
sind. Aus dieser Grundgesamtheit ziehen wir unendlich viele
Samples mit dem Umfang von n = 1. Für jedes einzelne Sample

Tabelle 10:

		Arbeiter	Angestellte	Selbständige	
Par- tei- prä fe- renz	SPD	300	150	50	500
	CDU	60	150	90	300
	FDP	40	100	60	200
		400	400	200	1000

errechnen wir den uns schon bekannten z-Wert und quadrieren
ihn:

$$z \;=\; \frac{x - \mu}{\sigma} \qquad \text{bzw.} \qquad z^2 \;=\; \frac{(x - \mu)^2}{\sigma^2}$$

Diesen quadrierten z-Wert wollen wir mit x^2 bezeichnen,
also:

$$x^2 \;=\; z^2 \;=\; \frac{(x - \mu)^2}{\sigma^2} \tag{50}$$

Die unendlich vielen quadrierten z-Werte (x^2-Werte) übertragen wir in ein Koordinatensystem (Abb. 23). Wie wir sehen,
erstrecken sich die x^2-Werte nicht von minus bis plus unendlich wie die normalverteilte Variable x bzw. deren standardisierter Wert z, sondern von Null bis plus unendlich. Das
bedeutet aber auch, das 68 % der Fälle von Null bis 1 liegen, während sie in der Normalverteilung im Bereich von
$\mu \pm 1$ Standardabweichung zu finden sind. Zwischen 0 und dem
x^2-Wert von 4 liegen 95,5 % aller Fälle. Das heißt, in ungefähr 95 von 100 Fällen ziehen wir aus der Grundgesamtheit
eine Einheit mit einer bestimmten Merkmalsausprägung x, für
die ein x^2-Wert von $\leq$ 4 errechnet wird.

Abb. 23 zeigt die Verteilung der <u>Zufalls-Variablen χ^2 bei
einem Freiheitsgrad</u> ($\chi^2_{(1)}$), das heißt, die Variation der
Maßzahl Chi-Quadrat wird allein von den Beobachtungswerten
der (zufällig ausgewählten) Einheit x_1 bestimmt.

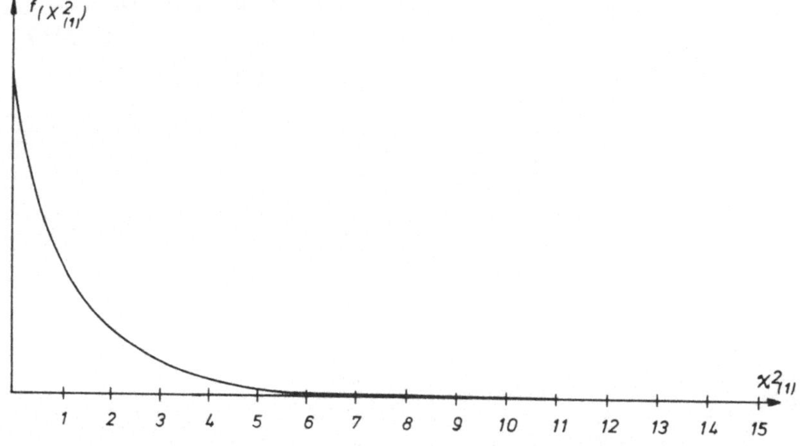

Abb. 23. Theoretische Häufigkeitsverteilung der Maßzahl χ^2
bei einem Freiheitsgrad

Wir wollen nun aus der Grundgesamtheit (unendlich viele)
Samples mit dem Umfang von n = 2 ziehen. Für jeden Wert
berechnen wir einzeln den quadrierten Standardwert   z:

$$z_1^2 = \frac{(x_1 - \mu)^2}{\sigma^2}$$

$$z_2^2 = \frac{(x_2 - \mu)^2}{\sigma^2}$$

Die Summe beider Werte wollen wir als Zufallsvariable $\chi^2_{(2)}$
bezeichnen:

$$\chi^2_{(2)} = z_1^2 + z_2^2 = \frac{(x_1 - \mu)^2}{\sigma^2} + \frac{(x_2 - \mu)^2}{\sigma^2} \qquad (51)$$

Wenn wir (unendlich) viele Stichproben ziehen und die entsprechenden $\chi^2_{(2)}$-Werte nach (51) berechnen, finden wir folgende Verteilung der Maßzahl χ^2 <u>für zwei Freiheitsgrade</u> ($\chi^2_{(2)}$):

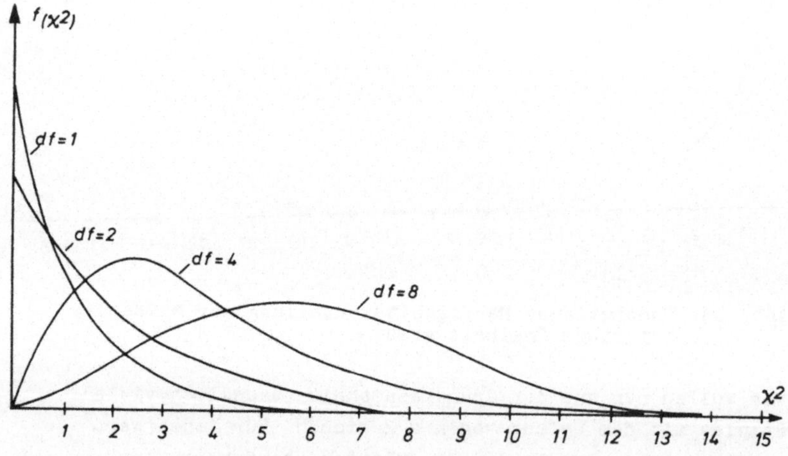

Abb. 24. Chi-Quadrat-Verteilung für verschiedene Freiheitsgrade

Die Häufigkeitsverteilung der Maßzahl $\chi^2_{(2)}$ verläuft weniger steil als für $\chi^2_{(1)}$. Entsprechend besteht eine geringere Wahrscheinlichkeit, einen χ^2-Wert zu finden, der kleiner als eins ist. Dies ist auch unmittelbar einsichtig: Je mehr Einheiten das Sample umfaßt, desto größer wird die Summe der quadrierten Abweichungen. Ziehen wir nur eine Einheit, besteht bei einem normal verteilten Merkmal noch eine sehr

große Wahrscheinlichkeit, daß die Merkmalsausprägung bei der
gezogenen Einheit genau dem Durchschnitt entspricht. Zumindest ist es sehr wahrscheinlich, daß sie dem Mittelwert nahe
liegt. Je umfangreicher jedoch die Stichproben werden, desto
eher wird die Summe der quadrierten z-Werte von Null abweichen. Entsprechend verlaufen die χ^2-Verteilungen für größere
Freiheitsgrade (vgl. Abb. 24):

$$\chi^2_{(4)} = \sum_{i=1}^{4}(z_i^2) = \frac{\sum_{i=1}^{4}(x_i - \mu)^2}{\sigma^2}$$

$$\chi^2_{(8)} = \sum_{i=1}^{8}(z_i^2) = \frac{\sum_{i=1}^{8}(x_i - \mu)^2}{\sigma^2}$$

Für n unabhängige Beobachtungswerte (wobei die Unabhängigkeit durch die Zufälligkeit der Auswahl gegeben ist) aus einer Normalverteilung hat die Summe der quadrierten z-Werte
eine Chi-Quadrat-Verteilung mit n Freiheitsgraden:

$$\chi^2_{(n)} = \frac{\sum_{i=1}^{n}(x_i - \mu)^2}{\sigma^2} = \sum_{i=1}^{n} z_i^2 \tag{52}$$

Aus Abb. 24 wird klar ersichtlich, daß nicht nur eine, sondern eine Vielzahl von Chi-Quadrat-Verteilungen vorliegt,
nämlich für jeden Freiheitsgrad eine. Noch eine weitere Beobachtung können wir anhand der Abb. 24 treffen: Je größer
die Zahl der Freiheitsgrade, desto größer wird im Durchschnitt die Maßzahl χ^2. Wie die t-Verteilung, so gleicht
auch die Chi-Quadrat-Verteilung für umfangreiche Stichproben der Normalverteilung. Bei df = 30 ähnelt die Chi-Quadrat-
Verteilung schon sehr der Normalverteilung.

In unserem obenaufgeführten Beispiel waren uns der Mittelwert (μ) und die Standardabweichung (σ) der Grundgesamtheit bekannt. Dies ist aber, wie wir wissen, nicht immer der Fall. Meist will man die Parameter der Grundgesamtheit erst errechnen. Beispiele dafür finden sich in Kapitel 3. Den Mutungsbereich für den Parameter der Grundgesamtheit haben wir z. B. nach folgender Formel errechnet:

$$\bar{x} \pm z\sigma_{\bar{x}} = \bar{x} \pm z\frac{s_x}{\sqrt{n}} = \bar{x} \pm z\frac{\sqrt{\dfrac{\Sigma(x - \bar{x})^2}{n}}}{\sqrt{n}}$$

In dieser Formel finden wir auch eine Maßzahl, die Chi-Quadrat-Verteilung aufweist, nämlich: $\chi^2 = \Sigma(x - \bar{x})^2$. Daß hier nicht durch die Konstante σ^2 dividiert wird wie in (50), ist unerheblich. Denn genau wie sich die Variable x normalverteilt, verteilt sich auch die Differenz $(x - \mu)$ normal. Das Gleiche gilt für die Division dieser Differenz durch σ. Auch dieser Quotient z verteilt sich normal. Mutatis mutandis gilt das auch für den Ausdruck $\Sigma(x - \bar{x})^2$; ob wir ihn durch eine Konstante dividieren oder nicht (lineare Transformation), in jedem Fall weist diese Maßzahl Chi-Quadrat-Verteilung auf.

Wie wir gesehen haben, besitzen für die Variation der Maßzahl χ^2 die Freiheitsgrade entscheidende Bedeutung. Wieviel Freiheitsgrade ergeben sich für die Maßzahl $\chi^2 = \Sigma(x - \bar{x})^2$?

Wie sich zeigen wird, bestimmen sich die Freiheitsgrade hier wie folgt:

$$df = n \text{ (Sampleumfang)} - 1$$

Um das zu erklären, sei noch einmal etwas weiter ausgeholt.
Aus einer Population werden (unendlich viele) Stichproben
mit dem Umfang $n = 4$ gezogen. Das interessierende Merkmal
sei normalverteilt und der Mittelwert μ bekannt. Innerhalb
unseres Massenexperimentes (unendlich viele Samples werden
gezogen) wird nun für jedes einzelne Sample die Maßzahl
$\chi^2 = (x - \mu)^2$ berechnet. In diese Berechnung gehen unsere
Beobachtungswerte x_1, x_2, x_3 und x_4 ein. Es liegen hier vier
voneinander unabhängige (unabhängig, da Zufallsauswahl) Variablen vor, die alle, jeder einzelne Wert, die Maßzahl χ^2
bestimmen. Die Variation dieser Maßzahl von Sample zu Sample
hängt damit allein von der Variation dieser $n = 4$ Variablen
ab. Die Maßzahl hat also in diesem Fall $df = n = 4$ Freiheitsgrade. Die Variation ist also auch vollkommen unabhängig von der Konstanten μ. (Siehe oben, auch die Maßzahl Σx^2
ist Chi-Quadrat-verteilt.)

Nun unterstellen wir, daß uns der Mittelwert μ nicht bekannt
ist. Wollen wir trotzdem die Maßzahl χ^2 berechnen, ersetzen
wir den Mittelwert μ durch eine Schätzung, nämlich durch den
Mittelwert unseres Beobachtungssamples $\bar{x}$. Wir erhalten:

$$\chi^2 = \Sigma (x - \bar{x})^2$$

Nun sind wir wieder bei unserer Frage angelangt: Wieviel
Freiheitsgrade hat diese Maßzahl? Von den unendlich vielen
möglichen Samples mit dem Umfang $n = 4$ sind jetzt nur jene
interessant, deren Samplemittelwerte genau dem des Beobachtungssamples $\bar{x}$ entsprechen. Aber auch von diesen muß es nach
unserer Voraussetzung (unendlich viele Grundgesamtheiten, unendlich viele Samples) unendlich viele geben. Da nun jedoch
$\bar{x}$ vorgegeben ist, können nur x_1, x_2 und x_3 unabhängig (frei)
gewählt werden; der letzte Wert der vierten Variablen ist
schon durch x_1, x_2, x_3 und $\bar{x}$ definiert. Von den $n = 4$ Werten
können also hier nur $4 - 1 = 3$ (df) unabhängig voneinander

variieren. Sie bestimmen den letzten Beobachtungswert und damit auch die Variation der Maßzahl $\chi^2 = \Sigma(x - \bar{x})^2$ von Sample zu Sample.

7.1. Die Maßzahl $\chi^2 = \sum \frac{(O - E)^2}{E}$

Bei einer Meinungsumfrage, die 1000 zufällig ausgewählte Individuen umfaßt, zeigt sich, daß von 600 befragten Frauen 400 bei der letzten Bundestagswahl gewählt haben und 200 nicht. Unter den 400 befragten Männern fand man 300 Wähler und 100 Nichtwähler. Überträgt man diese Werte in eine Vierfeldertafel (Kontingenztafel), so glaubt man zwischen den beiden Variablen (Geschlecht, Stimmabgabe) eine Beziehung zu erkennen (Tabelle 11).

<u>Tabelle 11:</u> Kontingenztabelle

	Frauen	Männer		
Wähler	400	300	700	R 1
Nichtwähler	200	100	300	R 2
	600	400	1000	
	Sp. 1	Sp. 2		n

Unter den Frauen finden sich 66 % Wähler, bei den Männern dagegen 75 %. Wenn man den Gang zur Wahlurne als Indikator für politisches Interesse interpretiert, könnten die vorliegenden Zahlen zur Formulierung folgender Hypothese führen: Männer zeichnen sich in stärkerem Maße durch politisches Interesse aus als Frauen. Die in Tabelle 11 dargestellte Beziehung könnte jedoch auch zufällig zustande gekommen sein. Das würde bedeuten: Ein derartiger Zusammenhang besteht in der Gesamtgruppe gar nicht, die beiden Variablen sind ge-

geneinander indifferent. Unterstellt man in unserem Fall Indifferenz, dann ergäben sich bei der vorliegenden Randsummen-
struktur folgende Zellenfrequenzen (Theoretische Häufigkeit):

Tabelle 12: Indifferenztabelle

	Frauen	Männer		
Wähler	420	280	700	R 1
Nichtwähler	180	120	300	R 2
	600	400	1000	
	Sp 1	Sp 2		n

Der Nichtwähleranteil für Frauen und Männer beträgt jeweils
30 %. Allgemein kann man bei der Bestimmung der Zellfrequenz
für die Indifferenztabelle wie folgt verfahren: Sind die beiden Merkmale Geschlecht und Wahlbeteiligung vollkommen unab-

Tabelle 13:

Kontingenztabelle

$$
\begin{array}{cc|c}
a & b & e \\
c & d & f \\
\hline
g & h & n
\end{array}
$$

Tabelle 14:

Indifferenztabelle

$$
\begin{array}{cc|c}
\bar{a} & \bar{b} & e \\
\bar{c} & \bar{d} & f \\
\hline
g & h & n
\end{array}
$$

hängig voneinander, so müßte sich verhalten:

$$\bar{a} : g = e : n$$
$$\bar{b} : h = e : n$$
$$\bar{c} : g = f : n$$
$$\bar{d} : h = f : n$$

Die bei der vorgegebenen Randstruktur zu erwartenden Werte
$\bar{a}$, $\bar{b}$, $\bar{c}$, $\bar{d}$ lassen sich also wie folgt bestimmen:

$$\bar{a} = eg : n$$
$$\bar{b} = eh : n$$
$$\bar{c} = fg : n$$
$$\bar{d} = fh : n$$

Die theoretische Häufigkeit (bei Unabhängigkeit oder Indifferenz der beiden Faktoren) stellt sich also als Produkt der zugehörigen Randhäufigkeiten, dividiert durch den Stichprobenumfang n, dar. Unsere Werte der Tabelle 12 haben wir demnach wie folgt erhalten:

$$\bar{a} = \frac{Sp_1 \cdot R_1}{n} = \frac{600 \cdot 700}{1000} = 420$$

$$\bar{b} = \frac{Sp_2 \cdot R_1}{n} = \frac{400 \cdot 700}{1000} = 280$$

$$\bar{c} = \frac{Sp_1 \cdot R_2}{n} = \frac{600 \cdot 300}{1000} = 180$$

$$\bar{d} = \frac{Sp_2 \cdot R_2}{n} = \frac{400 \cdot 300}{1000} = 120$$

Mit der Berechnung von $\bar{a}$ = 420 hätten wir uns aber schon begnügen können. Mit $\bar{a}$ = 420 ist nämlich die Verteilung innerhalb der vier Zellen vollständig determiniert und durch die Randverteilung vorgegeben. Zum Beispiel kann $\bar{b}$ nur die Differenz zwischen 420 und 700 sein, nämlich 280. Innerhalb einer Vierfeldertabelle ist also nur <u>eine</u> Zellenfrequenz frei variierbar. Mit Fixierung dieser einen Besetzungszahl sind die übrigen gleichfalls bestimmt. Es liegt hier (bei der 2 x 2 Tabelle) nur 1 Freiheitsgrad (df) vor. Bei einer 3 x 3 Tabelle kann ich vier Zellenfrequenzen unabhängig voneinander variieren (vgl. Tabelle 15): Mit der Bestimmung z. B. der Zellenbesetzung von e, f, h, i sind bei

<u>Tabelle 15:</u> 3 x 3 Feldertafel

$$
\begin{array}{ccc|c}
a & b & c & R_1 \\
d & e & f & R_2 \\
g & h & i & R_3 \\
\hline
Sp_1 & Sp_2 & Sp_3 & n
\end{array}
$$

gegebener Randverteilung die übrigen determiniert. Bei einer 3 x 3 Tabelle liegen also df = 4 Freiheitsgrade vor. Allgemein werden die Freiheitsgrade wie folgt bestimmt:

$$(Sp - 1) \cdot (R - 1) = df \tag{53}$$

wobei Sp für Spalte und R für Reihe steht. In unserem Fall lassen sich die Freiheitsgrade wie folgt bestimmen:
$(3 - 1) \cdot (3 - 1) = 2 \cdot 2 = 4 \ (df)$

Zurück zu unserem Problem, ob die in Tabelle 11 sich abzeichnende Beziehung zwischen Geschlecht und Beteiligung an der Wahl zufällig zustande gekommen sein kann oder ob in der Grundgesamtheit tatsächlich eine Korrelation zwischen den beiden Variablen besteht. Tabelle 12 zeigt uns die Verteilung der Zellfrequenzen bei vollkommener Indifferenz der Variablen. Männer wie Frauen sind gleich stark politisch interessiert, jeweils 70 % geben ihre Stimme ab. Dagegen kann man in Tabelle 11 eine Beziehung zwischen beiden Variablen erkennen. Die beobachtete Häufigkeit in Zelle a der Tabelle 11 ist relativ kleiner als in Zelle b. Von der Randverteilung her wäre eine Besetzungszahl von 420 zu erwarten. Ist diese Diskrepanz von 420 - 400 = 20 schon groß genug, um

sie als signifikanz bezeichnen zu können? Wie groß muß sie
sein? Zweifellos dürfen wir diese Differenz nicht nach ihrer
absoluten Größe beurteilen. Mit steigender Fallzahl (n), das
heißt mit größeren Besetzungszahlen in den entsprechenden
Randkategorien, nimmt die Wahrscheinlichkeit für größere
absolute Diskrepanzen zu. Um also etwas über die Bedeutung
dieser Diskrepanz aussagen zu können, müssen wir sie standardisieren. Wir tun dies, indem wir die Differenz von beobachteten (O = observed) und erwarteten Häufigkeiten (E =
expected) durch die erwartete Besetzungszahl dividieren, also:

$$\frac{O - E}{E}$$

Dieser Wert gibt uns schon eher die Möglichkeit, die Bedeutung der Abweichung abzuschätzen. Nun interessieren uns
aber nicht nur die Diskrepanzen zwischen beobachteter und
erwarteter Häufigkeit der Zelle a, sondern die Abweichungen
von den theoretischen Werten (E) innerhalb aller Zellen der
Tabelle 11. Einen Eindruck für die Abweichung von einer erwarteten Verteilung (vgl. Tabelle 12) kann uns die Summe
aller dieser standardisierten Abweichungen geben. Wir addieren also Zelle für Zelle diese Differenzen. Um einem Ausgleich dieser Werte durch unterschiedliche Vorzeichen zu ent-
gehen, quadrieren wir die Differenzen der beobachteten und
erwarteten Häufigkeiten. Die Maßzahl, die wir erhalten, nennen wir χ^2.

$$\chi^2 = \sum \frac{(O - E)^2}{E} \tag{54}$$

Die Verteilung dieser Maßzahl (Chi-Quadrat-Verteilung) wurde
zuerst von Pearson (1900) entwickelt. Im Zähler erkennen wir
wieder unsere χ^2-verteilte Variable, wie wir sie unter 7.
kennengelernt haben.

Rechengang:

$$x^2 = \frac{(400 - 420)^2}{420} + \frac{(300 - 280)^2}{280} + \frac{(200 - 180)^2}{180} + \frac{(100 - 120)^2}{120}$$

$$x^2 = \frac{(-20)^2}{420} + \frac{20^2}{280} + \frac{20^2}{180} + \frac{(-20)^2}{120}$$

$$x^2 = 0{,}95 + 1{,}43 + 2{,}22 + 3{,}33$$

$$x^2 = 7{,}93$$

Je enger nun der Zusammenhang zwischen den beiden Variablen ist, um so größer werden die Diskrepanzen und um so größer wird damit unser x^2-Wert. Wie groß muß in unserem Fall der Chi-Quadrat-Wert werden, damit unsere Nullhypothese, daß in der Grundgesamtheit keine Beziehung zwischen den beiden Variablen vorliegt und daß die beobachtbaren Beziehungen nur durch Zufall entstanden sind, zurückgewiesen werden kann? Durch ein Massenexperiment (unendlich viele Stichproben) könnten wir feststellen, wie große Chi-Quadrat-Werte noch wahrscheinlich (bei Indifferenz der Variablen in der Grundgesamtheit) und wie große schon unwahrscheinlich sind. Übertragen wir die Chi-Quadrat-Werte in ein Koordinatensystem (Abszisse: x^2, Ordinate: Häufigkeit), erhalten wir für unseren Fall (df = 1) eine Häufigkeitsverteilung der Chi-Quadrat-Werte, wie wir sie schon in Abb. 23 und 24 kennengelernt haben. In einem derartigen Massenexperiment treten Chi-Quadrat-Werte von kleiner 3,84 in 95 von hundert Fällen auf (vgl. Abb. 25).

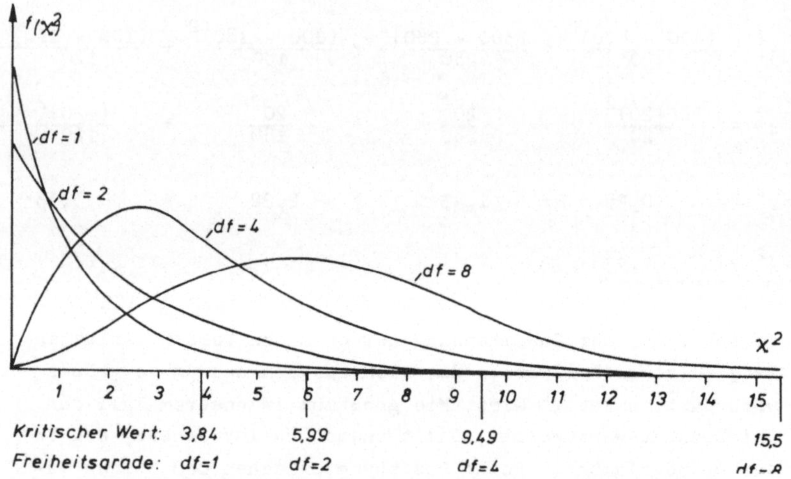

Abb. 25. Chi-Quadrat-Verteilung und kritische Werte für verschiedene Freiheitsgrade

Wir haben in unserem Fall einen Wert von 7,93 errechnet. Für
Werte, die größer als 3,84 sind, besteht nur noch eine Restwahrscheinlichkeit von 5 %. Die Beziehung in unserer Tabelle
11 zwischen den beiden Variablen Geschlecht und politische
Partizipation ist also als signifikant zu bezeichnen. Es besteht nur noch eine Wahrscheinlichkeit von 5 %, daß x^2-Werte
von > 3,84 zu erwarten sind, bei Unterstellung der Indifferenz beider Variablen in der Grundgesamtheit. Wir werden in
unserem Fall also die Nullhypothese verwerfen. Die in Tabelle
11 zu beobachtende Beziehung ist also nicht zufällig zustan-
degekommen, sondern mit großer Sicherheit auch in der Grundgesamtheit zu vermuten.

In unserem Massenexperiment hängt der Zahlenwert der Maßzahl
Chi-Quadrat, das heißt die Variation von Sample zu Sample,
nur von **einer** frei variierenden Variablen ab. Das heißt,
nur eine Zellenfrequenz ist frei variierbar, die restlichen
sind - im Falle der 2 x 2 Tabelle - mit der Fixierung einer
Zellenfrequenz determiniert. Die Maßzahl (x^2) in der Vierfeldertafel hat also nur einen Freiheitsgrad. Entsprechend
hat die Maßzahl einer 3 x 3 Tabelle vier Freiheitsgrade (vgl.
hierzu S.134). Es ist unmittelbar einsichtig, daß mit steigender Anzahl von Freiheitsgraden die Maßzahl x^2 im Durchschnitt wächst, das heißt, kleinere Werte kommen seltener
vor (das wurde schon im Zusammenhang mit Abb. 24 diskutiert).
Gleichzeitig verschiebt sich jener x^2-Wert, der bei einem
bestimmten Signifikanzgrad als Unterscheidungskriterium zwischen wahrscheinlichen und schon unwahrscheinlichen Werten
von x^2 dient, ebenfalls weiter nach rechts. In Abb. 25 sind
für verschiedene Freiheitsgrade diese kritischen Werte für
x^2 gekennzeichnet, und zwar jeweils für einen Signifikanzgrad von 5 %. Das heißt, für einen bestimmten Freiheitsgrad
liegen jeweils 95 % der zu erwartenden Werte links und 5 %
rechts von diesem Punkt. In der Regel liegen solche kritischen
Werte für verschiedene Freiheits- und Signifikanzgrade fer-
tig tabuliert vor (vgl. Tabelle III).

7.2. **Die Yates-Korrektur für kleine Besetzungszahlen und
der x^2-Test für Vierfeldertabellen**

Die Anwendung des Chi-Quadrat-Tests ist nicht unproblematisch. Der x^2-Test ist nicht anzuwenden, wenn die Erwartungs-
häufigkeiten kleiner als 5 sind. Bei 2 x 2 Tabellen kann in
solchen Fällen die sogenannte Yates-Korrektur angewendet werden:

$$\chi^2(\text{Yates}) \;=\; \frac{\left(|ad - bc| - \frac{n}{2}\right)^2 \cdot n}{efgh} \tag{55}$$

Die Randverteilung der Reihen bzw. der Spalten sollen jeweils untereinander einigermaßen gleich sein. Bei Vierfeldertafeln soll die kleinste Randhäufigkeit nicht weniger als 10 % des Stichprobenumfangs ausmachen. Wie bei allen bisher besprochenen Testverfahren, so ist auch hier Zufallsauswahl erforderlich.

Für den Fall der Vierfeldertafel kann die oben angegebene Formel

$$\chi^2 \;=\; \sum \frac{(O - E)^2}{E}$$

wie folgt vereinfacht werden:

$$\chi^2 \;=\; \frac{(ad - bc)^2 \cdot n}{efgh} \tag{56}$$

Der Chi-Quadrat-Test gibt nur an, mit welcher Sicherheit ein bestimmter Zusammenhang besteht. Er gibt keine Auskunft über die Stärke der Beziehung und den Kausalzusammenhang.

8. F-Test und Varianzanalyse

In den ersten Kapiteln haben wir Verfahren kennengelernt, die
es uns ermöglichen, die Unterschiede zweier Samplemittelwerte
dahingehend zu überprüfen, ob sie zufällig zustande gekommen
sind oder ob die Differenz auf echte Populationsunterschiede
zurückzuführen ist. Wie läßt sich eine derartige Prüfung aber
bei mehr als zwei Samplemittelwerten durchführen? Angenommen,
aus den x Gemeinden eines bundesrepublikanischen Landes wird
ein Sample mit dem bescheidenen Umfang von n = 15 nach dem
Zufallsverfahren gezogen. Die 15 Gemeinden unterscheiden sich
hinsichtlich ihrer wirtschaftlichen Struktur. Typ A_1 zeichnet
sich dadurch aus, daß der größte Teil der Erwerbstätigen in
Land- und Forstwirtschaft tätig ist. In Typ A_2 sind die mei-
sten im produzierenden Gewerbe und im Typ A_3 im Dienstlei-
stungsgewerbe tätig (Tabelle 16).[1] Betrachten wir für jede
einzelne Gemeinde den Anteil der FDP bei der letzten Bundestagswahl, so können wir unterschiedliche Werte beobachten.

Am erfolgreichsten war die Partei in der Gruppe A_3 (Dienst-
leistungen). Den geringsten Anteil mußte sie bei Gruppe A_2
beobachten (Produzierendes Gewerbe). Frage: kann dieses unterschiedliche Erfolgsmuster zufällig zustande gekommen sein
oder muß die verschiedenartige Bevölkerungs- und Wirtschaftsstruktur als Erklärung herangezogen werden? Zweifellos ist
es möglich, in diesem Fall auch den t-Test anzuwenden. Wir
berücksichtigen dann jeweils immer nur zwei Mittelwerte und
stellen fest, ob sie signifikant voneinander differieren. Das

---

[1] In der Realität werden die Kategorien wahrscheinlich un-
gleiche Besetzungszahlen aufweisen. Doch seien hier gleiche Besetzungszahlen angenommen.

Tabelle 16: FDP-Anteile bei der letzten Bundestagswahl in verschiedenen Gemeindetypen

| | Gemeindetyp | | | Gesamt | Allgemeine Darstellung | | | | |
| | L + F (A_1) | Prod. Gew. (A_2) | Dienst- leistg. (A_3) | | Kategorie | | | | Gesamt |
					A_1	A_2	i...	A_k	
	5,0	2,5	5,3		x_{11}	x_{12}	...	x_{1k}	
	7,3	3,8	8,6		x_{21}	x_{22}	...	x_{2k}	
	4,5	5,7	9,0		x_{31}	x_{32}	...	x_{3k}	
	8,0	3,4	4,8		.	.		.	
	6,8	4,5	7,5		$x_{n_1 1}$	$x_{n_2 2}$	...	$x_{n_k k}$	
Sum- me	31,6	19,9	35,2	86,7	$\sum\limits_{i=1}^{n_1} x_{11}$	$\sum\limits_{i=2}^{n_2} x_{12}$	...	$\sum\limits_{i=1}^{n_k} x_{1k}$	$\sum\limits_{i}\sum\limits_{j} x_{1j}$
Mit- tel- wert	6,32	3,98	7,05	5,81	$\bar{x}_{\cdot 1}$	$\bar{x}_{\cdot 2}$	...	$\bar{x}_{\cdot k}$	$\bar{x}_{\cdot\cdot}$
Ein- hei- ten	5	5	5	15	n_1	n_2	...	n_k	n

vorliegende Beispiel erfordert dann drei Signifikanztests,
nämlich für die Mittelwerte der Gruppen A_1/A_2, A_1/A_3 und
A_2/A_3. Liegen aber nicht nur drei, sondern z. B. vier Mittelwerte vor, dann werden sechs einzelne Tests notwendig und bei
sechs Werten schon 15. Es wird also ein erheblicher Aufwand
erforderlich. Darüber hinaus können wir noch dadurch in Ver-
legenheit gebracht werden, daß sich von z. B. zehn Differenzen drei oder vielleicht fünf als signifikant erweisen. Welche Aussagen können wir in einem solchen Fall treffen? Variieren die Mittelwerte zufällig oder nicht? Ist es überhaupt
zulässig, die Samplemittelwerte derart zu vergleichen? Z. B.
wächst bei zunehmender Anzahl von Mittelwerten die Wahrscheinlichkeit, ein signifikantes Ergebnis zu finden.

Eine Varianzanalyse enthebt uns dieser Probleme. Sie ermöglicht, mit einem einzigen Test zu prüfen, ob Zufallsvariation der Mittelwerte vorliegt oder nicht.

Wie die uns schon bekannten Testverfahren, so erfordert auch
die Varianzanalyse bestimmte Voraussetzungen, die uns aber
nicht mehr unbekannt sind:

1. Ho: $\mu_1 = \mu_2 = \mu_3 \ldots$

2. gleiche Varianzen: $\sigma_1^2 = \sigma_2^2 = \sigma_3^2 \ldots$

3. Normalverteilung der Merkmale: $x_{\cdot 1}$, $x_{\cdot 2}$, $x_{\cdot 3} \ldots x_{\cdot n}$

4. Unabhängige Zufallsauswahlen

Das heißt: Sind die Bedingungen erfüllt, dann stammen die
Samples aus Grundgesamtheiten, die alle eine identische Verteilung aufweisen. Übertragen auf unser Beispiel nach Tabelle 16: Die FDP-Anteile verteilen sich innerhalb der drei Populationen (A_1, A_2, A_3) vollkommen gleich. Nicht nur die Va-

rianz ist gleich ($\sigma_{A_1}^2 = \sigma_{A_2}^2 = \sigma_{A_3}^2$), sondern auch die Mittelwerte der drei Verteilungen ($\mu_{A_1} = \mu_{A_2} = \mu_{A_3}$). Graphisch
läßt sich das wie folgt darstellen (bei unendlich großen Populationen):

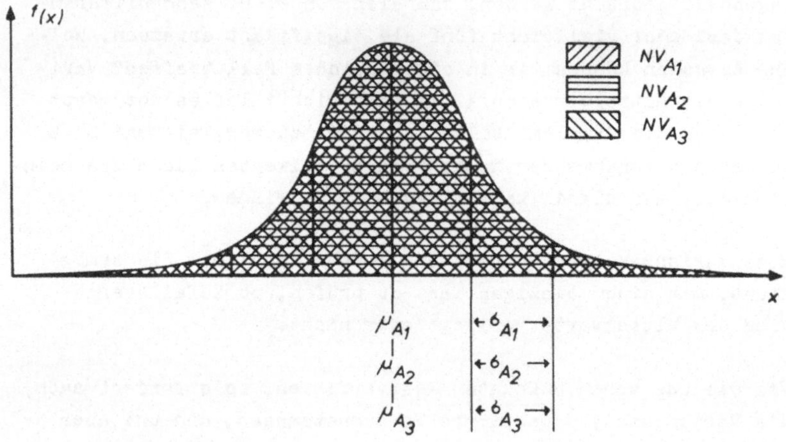

Abb. 26. Normalverteilte Merkmalsverteilungen von drei Populationen mit gleichen Standardabweichungen und Mittelwerten.

Unser Ziel ist es nun festzustellen, ob die beobachtete Va-
riation der Mittelwerte $\bar{x}._1$, $\bar{x}._2$, $\bar{x}._3$ auf den Zufall zurückzuführen ist, oder ob mit der Wirtschaftsstruktur (un-
abhängige Variable) tatsächlich die Wahlentscheidung (abhän-
gige Variable) variiert. Das heißt, gilt Ho ($\mu_{A_1} = \mu_{A_2} = \mu_{A_3}$)
oder unsere Arbeitshypothese H_1 ($\mu_{A_1} \neq \mu_{A_2} \neq \mu_{A_3}$) oder
z. B. ($\mu_{A_1} = \mu_{A_2} \neq \mu_{A_3}$)? Letztere Möglichkeit ließe sich graphisch wie folgt darstellen:

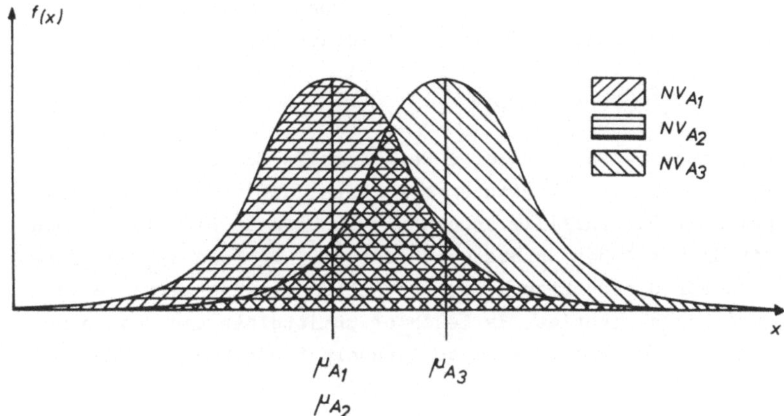

Abb. 27. Normalverteilte Merkmalsverteilungen von drei Populationen mit gleichen Standardabweichungen, wobei
zwei Mittelwerte identisch sind, der dritte aber
von beiden abweicht.

Um diese Frage zu entscheiden, vergleichen wir zwei unabhängige Schätzungen der Varianzen der Grundgesamtheit, die wir
aufgrund unserer Daten zu berechnen in der Lage sind. Sind
die beiden Schätzungen identisch (oder nahezu identisch),
dann akzeptieren wir die Nullhypothese, weichen sie dagegen
voneinander ab, verwerfen wir H_0 und akzeptieren H_1, das
heißt, die beobachteten Unterschiede sind auf tatsächliche
Unterschiede in den Grundgesamtheiten zurückzuführen. Dies
ist in groben Zügen unsere Verfahrensweise.

Wie wir bereits wissen, kann die Varianz eines Samples als
Schätzwert für die Varianz in der Grundgesamtheit herangezogen werden:

$$\hat{\sigma}_x^2 = s_x^2$$

Diese Schätzung ist mit einem Fehler behaftet, der aber bei
genügend großem n (n > 30) zu vernachlässigen ist. Eine
genaue Schätzung wird wie folgt vorgenommen:

$$\hat{\sigma}_x^2 = s_x^2 \left(\frac{n}{n-1}\right)$$

Wir können also in unserem Fall jeweils für die Kategorien
A_1, A_2 und A_3 Varianzen berechnen, die von der Grundgesamtheit nur zufällig abweichen: In unserem Beispiel können
wir drei solcher Schätzwerte (für $\hat{\sigma}_{A_1}$, $\hat{\sigma}_{A_2}$ und $\hat{\sigma}_{A_3}$) berechnen. Für die Schätzung der Populationsvarianz werden alle
drei berücksichtigt. Es leuchtet unmittelbar ein, daß eine
einzelne Varianz eine um so genauere Schätzung der Populationsvarianz erlaubt, je mehr Fälle in die Berechnung einge-
hen, das heißt, je größer das Sample ist. Infolgedessen werden die einzelnen Schätzungen mit der Samplegröße gewichtet.
Will man die Varianz der Grundgesamtheit nicht nur aufgrund
eines Samples schätzen, sondern aufgrund von k Samples,
ergibt sich folgende Vorgehensweise:

$$\hat{\sigma}_x^2 = \frac{n_1 s_{x \cdot 1}^2 + n_2 s_{x \cdot 2}^2 + \ldots + n_k s_{x \cdot k}^2}{n_1 - 1 + n_2 - 1 + \ldots + n_k - 1}$$

$$\hat{\sigma}_x^2 = \frac{\sum_{j=1}^{k} n_j s_{x_j}^2}{N - k} \tag{57}$$

Falls die Samples alle von <u>gleicher Größe</u> sind, ist n_j eine Konstante und kann vor das Summenzeichen gezogen werden:

$$\hat{\sigma}_x^2 = \frac{n \sum_{n=1}^{k} s_{x_j}^2}{N - k} \tag{58}$$

Das ist ein Äquivalent zu

$$\hat{\sigma}_x^2 \;=\; \frac{\displaystyle\sum_{j=1}^{k}\;\sum_{i=1}^{n}(x_{ij} - \bar{x}._j)^2}{N - k} \tag{59}$$

In Worten: Für jede Kolonne (Sample) berechnen wir die Summe
aller quadrierten Abweichungen vom Kolonnenmittelwert ($x._j$):

$$\sum_{i=1}^{n}\;(x_{ij} - \bar{x}._j)^2$$

Anschließend addieren wir die Summen der quadrierten Abweichungen:

$$\sum_{j=1}^{k}$$

Die errechnete Summe wird durch die Anzahl der Freiheitsgrade dividiert, d. h. durch $N - k$, wobei $N = n_1 + n_2 + \ldots$
$+ \, n_k$ und k die Anzahl der Samples darstellt. N wird zur
Berechnung der Freiheitsgrade um k vermindert, weil für
jedes Sample mit der Bestimmung des Mittelwertes nur noch
$n - 1$ Einheiten frei variieren können (Grundsätzliches über
Freiheitsgrade vgl. S. 61).

Diese Schätzung der Populationsvarianz aufgrund der Varianz
innerhalb der Samples, wir wollen sie <u>Binnenvarianz</u> nennen,
erlaubt eine genaue Schätzung auch dann, wenn H_o nicht zutrifft, also die Mittelwerte μA_1, μA_2, μA_3 voneinander abweichen.

Dies beruht einmal auf unserer Annahme, daß $\sigma_{A_1}^2 = \sigma_{A_2}^2 = \sigma_{A_3}^2$
ist, zum anderen darauf, daß der Mittelwert auf die Varianz
keinen Einfluß hat, da als Bezugspunkt jeweils die Abweichungen vom Samplemittelwert berechnet werden. Ein Beispiel

soll dies verdeutlichen.

Tabelle 17:

	A_1	$(x - \bar{x})^2$		A_2	$(x - \bar{x})^2$
x_1	11	1	11 + 2	13	1
x_2	8	4	8 + 2	10	4
x_3	12	4	12 + 2	14	4
x_4	9	1	9 + 2	11	1
$\bar{x}$	10			12	
s_x^2	2,5			2,5	

Für Gruppe A_1 wurde ein Mittelwert von 10 mit einer Varianz von 2,5 errechnet. Addieren wir zu jedem x-Wert der
Gruppe A_1 den Wert 2 (A_2), dann hat das natürlich Einfluß
auf den Mittelwert, nicht jedoch auf die Varianz. Sie ist
mit 2,5 gleich der Gruppe A_1.

Für unser Problem bedeutet dies, daß wir ungeachtet der wahren Mittelwerte in der Grundgesamtheit die Varianz (σ_x^2)
aufgrund unserer Samplewerte "fehlerfrei" schätzen können.

Demgegenüber hängt unsere zweite Schätzung der wahren Varianz der Grundgesamtheit von den Mittelwerten, sowohl der
einzelnen Samples (direkt) als auch der Grundgesamtheit(en)
(indirekt), ab. Denn die Variation der Samplemittelwerte
$(\bar{x}._1, \bar{x}._2, \bar{x}._3)$ um den Gesamtmittelwert $(\bar{x}..)$ ist ebenfalls abhängig von der Variation der Werte in der Grundge-
samtheit (vgl. Kapitel 3.).

$$\sigma_{\overline{x}} \;=\; \frac{\sigma_x}{\sqrt{n}}$$

$$\sigma_{\overline{x}}^{2} \;=\; \frac{\sigma_x^{2}}{n} \tag{60}$$

Die Varianz der Grundgesamtheit ergibt sich dann aus:

$$\sigma_x^{2} \;=\; n \cdot \sigma_{\overline{x}}^{2} \tag{61}$$

Es stellt sich nun die Schwierigkeit, die Varianz der Verteilung aller möglichen (unendlich vieler) Samplemittelwerte zu ermitteln. Wir haben schon einmal vor einer ähnlichen
Aufgabe gestanden, nämlich die Varianz (genauer: die Standardabweichung) der Grundgesamtheit zu schätzen (vgl. S. 48).
Als Annäherung begnügten wir uns mit der Varianz (Standardabweichung) unseres Samples, soweit es sich um große Stichproben handelte. Die "korrekte" Schätzung,wie sie bei kleinen Samples vorgenommen wird,sieht folgendermaßen aus (vgl.
S. 146):

$$\hat{\sigma}_x^{2} \;=\; s_x^{2}\,\frac{n}{n-1} \tag{62}$$

Dies stellt, wie schon betont, die Schätzung der Populationsvarianz dar. Wir suchen eine Möglichkeit, $\sigma_{\overline{x}}^{2}$ zu bestimmen.
Wie wir uns erinnern, bilden auch die Mittelwerte von (un-
endlich vielen) Samples wieder eine Normalverteilung (vgl.
S. 54). Formel (62) kann man auch in diesem Fall heranziehen. Nur handelt es sich jetzt nicht mehr um n Individuen,
sondern um k Mittelwerte, die um den Gesamtmittelwert
$(\overline{x}..)$ streuen.

$$\hat{\sigma}_{\bar{x}}^2 \;=\; s_{\bar{x}}^2 \cdot \left(\frac{k}{k-1}\right) \tag{63}$$

$s_{\bar{x}}^2$ ist die Varianz unserer Samplemittelwerte:

$$s_{\bar{x}}^2 \;=\; \frac{\sum\limits_{j=1}^{k} (\bar{x}._j - \bar{x}..)^2}{k}$$

Demnach ergibt sich als Schätzung der Varianz der Verteilung der <u>Mittelwerte</u> $(\hat{\sigma}_{\bar{x}}^2)$:

$$\hat{\sigma}_{\bar{x}}^2 \;=\; \frac{\sum\limits_{j=1}^{k} (\bar{x}._j - \bar{x}..)^2}{k} \cdot \frac{k}{k-1}$$

$$\hat{\sigma}_{\bar{x}}^2 \;=\; \frac{\sum\limits_{j=1}^{k} (\bar{x}._j - \bar{x}..)^2}{k-1}$$

Daraus folgt die zweite Schätzungsmöglichkeit der Populationsvarianz für Samples gleicher Größe:

$$\hat{\sigma}_{x}^2 \;=\; n\sigma_{\bar{x}}^2 \;=\; \frac{n \sum\limits_{j=1}^{k} (\bar{x}._j - \bar{x}..)^2}{k-1} \tag{64}$$

Basieren die Samplemittelwerte $\bar{x}._j$ auf ungleichen Samplegrößen, wird n hinter das Summenzeichen gezogen, das heißt, die quadrierte Abweichung wird mit dem Sampleumfang gewichtet. Damit erhalten <u>die</u> Mittelwerte eine größere Bedeutung, die aus einer größeren Stichprobe gewonnen werden. Größere Stichproben erlauben zweifellos genauere Schätzungen des wahren Mittelwertes als kleinere.

Schätzung der Populationsvarianz für Samples ungleicher
Größe:

$$\overset{\wedge}{\sigma}{}^{2}_{x} \; = \; \frac{\sum\limits_{j=1}^{k} n_j (\bar{x}._j - \bar{x}..)^2}{k - 1} \tag{65}$$

In Worten: Summe der quadrierten Abweichungen der Samplemittelwerte $(\bar{x}._j)$ vom Gesamtmittelwert $(\bar{x}..)$ gewichtet mit
(n_j), der Samplegröße (je nach dem, ob die Stichproben ungleichen Umfang aufweisen oder nicht, wird vor oder nach Summie-
rung gewichtet) und dividiert durch die Freiheitsgrade.
k = Anzahl der Samples (Kategorien oder Gruppen).

Wie schon mehrfach betont, wird in diesem zweiten Schätzungs-
verfahren also die Variation der Samplemittelwerte um den
Gesamtmittelwert $(\bar{x}..)$ als Basis herangezogen. Je größer
die Variation der Merkmalsausprägungen in der Grundgesamtheit ist, um so größer werden auch die Samplemittelwerte
streuen. Wenn nun die Mittelwerte der Grundgesamtheit identisch sind $(\mu_1 = \mu_2 = \mu_3 \ldots)$, dann wird dieses Vorgehen
ebenfalls zu einer fehlerfreien Schätzung der Populationsvarianz führen. In einem solchen Fall werden <u>Binnenvarianz</u>
und <u>Zwischenvarianz</u> (Varianz zwischen den verschiedenen Samples) identisch sein; bzw. eine Differenz beider Schätzungen
kann nur zufällig zustande kommen. Sind die Populationsmittelwerte aber nicht identisch, dann werden die Samplemittelwerte stärker streuen als die (nach Definition) identischen
Varianzen der Grundgesamtheit vermuten lassen. In einem solchen Fall wird also die Zwischenvarianz größer sein als die
Binnenvarianz. Wenn wir nun bei der Berechnung unserer beiden Schätzwerte solche Differenzen beobachten, dann liegt die
Vermutung nahe, daß die beobachtete Variation der Mittelwerte, wie wir sie z. B. in Tabelle 16 beobachten konnten, signifikant ist, d. h. nicht mehr durch Zufallsschwankungen er-

klärt werden kann, sondern auf tatsächliche Abweichungen der
Mittelwerte in der Grundgesamtheit zurückzuführen ist. In diesem Fall wird die Nullhypothese (H_o) verworfen und die Arbeitshypothese (H_1) als (vorläufig) gültig anerkannt. Beim
Vergleich beider Schätzwerte wird nun nicht die Differenz
beider Varianzen berücksichtigt, sondern der Quotient beider
Werte, wobei die Zwischenvarianz im Zähler und die Binnenvarianz im Nenner steht.

$$\frac{\text{Zwischenvarianz}}{\text{Binnenvarianz}} = \frac{V_z}{V_b} = \frac{\dfrac{n \sum\limits_{j=1}^{k} (x._j - \bar{x}..)^2}{k - 1}}{\dfrac{\sum\limits_{j=1}^{k} \sum\limits_{i=1}^{n} (x_{ij} - \bar{x}._j)^2}{N - k}} = F \qquad (66)$$

Ist der Quotient gleich eins oder annähernd eins, dann wird
die Nullhypothese akzeptiert. Sind die Populationsmittelwerte nicht identisch, dann ist (in der Regel) die Zwischenvarianz größer als die Binnenvarianz, der Quotient damit
größer 1. Wie groß muß nun dieser Quotient sein, damit die
Nullhypothese verworfen werden kann? Zur Beantwortung dieser Frage könnten wir wieder ein Massenexperiment durchführen, um festzustellen, welche Werte noch wahrscheinlich sind
und welche schon unwahrscheinlich. Da die Sampleverteilung
bekannt ist, können die Werte wieder einer Tabelle entnommen
werden (vgl. Tabelle IV). Wie bei der t- und Chi-Quadrat-Verteilung, so müssen auch hier die Freiheitsgrade berücksichtigt werden. Beim F-Test - so nennt man diesen Signifikanz-

test, der zwei Schätzwerte vergleicht (nach Snedecor zu Ehren von Fisher) - haben wir eine Chi-Quadrat-verteilte Variable im Zähler und eine im Nenner, die beide nach der Zahl der Freiheitsgrade variieren. Und wie beim t-Test und Chi-Quadrat-Test liegt hier eine ganze Familie von Verteilungen vor - für jede Kombination von Freiheitsgraden eine. An einem Beispiel soll die Vorgehensweise dargestellt werden.

<u>Beispiel:</u>
Variieren die in Tabelle 18 errechneten Mittelwerte zufällig oder gehen diese Unterschiede auf tatsächliche Differenzen in den Grundgesamtheiten zurück? Wir wählen ein Signifikanzniveau von $p = 0,05$.

<u>Tabelle 18:</u>

	A_1	$(x_{11} - \bar{x}_{\cdot 1})^2$	A_2	$(x_{12} - \bar{x}_{\cdot 2})^2$	A_3	$(x_{13} - \bar{x}_{\cdot 3})^2$
	8	4	6	1	5	1
	12	4	5	0	7	1
	9	1	5	0	7	1
	11	1	4	1	5	1
$\bar{x}_{\cdot j}$	10		5		6	
$\sum_{i}^{n}$		10		2		4

a) <u>Berechnung der Zwischenvarianz</u>

Da im vorliegenden Beispiel der Sampleumfang jeweils gleich
ist, entscheiden wir uns für Formel (64), sie erspart uns
Rechenarbeit.

$$\hat{\sigma}_x^2 \;=\; \frac{n \sum\limits_{j=1}^{k} (\bar{x}_{.j} - \bar{x}_{..})^2}{k - 1} \tag{64}$$

$$
\begin{array}{llll}
k & = 3 & \bar{x}_{.1} & = 10 \\
\bar{x}_{..} & = 7 & \bar{x}_{.2} & = 5 \\
n & = 4 & \bar{x}_{.3} & = 6
\end{array}
$$

$$\hat{\sigma}_x^2 \;=\; \frac{4\left[(10 - 7)^2 + (5 - 7)^2 + (6 - 7)^2\right]}{3 - 1}$$

$$=\; \frac{4(9 + 4 + 1)}{2} \;=\; \frac{56}{2} \;=\; 28$$

Aufgrund der Zwischenvarianz wird eine Populationsvarianz
von 28 geschätzt.

b) <u>Berechnung der Binnenvarianz</u>

$$\hat{\sigma}_x^2 \;=\; \frac{\sum\limits_{j=1}^{k} \sum\limits_{i=1}^{n} (x_{ij} - \bar{x}_{.j})^2}{N - k} \tag{59}$$

$$N \;=\; n_1 + n_2 + n_3 \;=\; 4 + 4 + 4 \;=\; 12$$

b_1) Berechnung der Binnenvariation für die einzelnen Samples

$$\sum_{i=1}^{n} (x_{ij} - \bar{x}._j)^2$$

Für jedes einzelne Sample wird die Summe der quadrierten Abweichungen vom Mittelwert gebildet (vgl. Tabelle 17).

b_2) Addition der Binnenvariation: $\sum_{j=1}^{k}$

$$\sum_{j=1}^{3} = 10 + 2 + 4 = 16$$

b_3) Division durch die Freiheitsgrade:

$$16 \quad : \quad (12-3) = 1,78$$

Aufgrund der Binnenvarianz wird eine Populationsvarianz von 1,78 geschätzt.

c) <u>F-Test, Vergleich beider Schätzwerte</u>

$$F \quad = \quad \frac{V_z}{V_b} \quad = \quad \frac{28}{1,78} \quad = \quad \underline{\underline{15,7}} \tag{66}$$

d) <u>Interpretation</u>

Um zu entscheiden, ob dieser Wert auf dem 5-%-Niveau signifikant ist oder nicht, ziehen wir Tabelle IVa hinzu. Im Tabellenkopf sind die Freiheitsgrade für den Zähler und in der ersten Spalte die für den Nenner angegeben. In unserem Beispiel waren im Zähler 2 und im Nenner 9 Freiheitsgrade zu verzeichnen. Aus der Tabelle entnehmen wir einen Wert von 4,26. Werte, die gleich oder kleiner sind,

können noch "zufällig" zustandekommen. Da unser Quotient
aber größer als 4,26 ist, muß die Variation der Samplemittelwerte als signifikant bezeichnet werden.

8.1. Varianzanalyse und Experiment

Unter 8. haben wir eine Analyse der Varianz von Aggregatdaten
durchgeführt. Darauf allein ist die Varianzanalyse jedoch
nicht beschränkt. Sie ist ebenfalls für die Analyse von In-
terviewdaten (Individualdaten) brauchbar. Breiteste Anwendung findet sie jedoch bei der Auswertung von Experimenten.
Allgemein wird wie folgt vorgegangen. Ein Forscher ist z. B.
daran interessiert, welche Auswirkung ein bestimmter Stimulus
auf das Verhalten von Individuen hat. Wir wollen unterstellen, er sei daran interessiert, die Effektivität unterschiedlicher Lehrmethoden zu erproben. Er wird die Wirksamkeit sei-
ner Methoden wie folgt überprüfen:

1. Auswahl eines Zufallssamples aus der relevanten Grundgesamtheit (z. B. n = 15).

2. Diese 15 Individuen werden nach dem Zufall gleichmäßig
   (i. d. R.) auf drei Versuchsgruppen verteilt (vgl. Tabelle 19).

3. Jede Versuchsgruppe wird dann dem experimentellen Stimulus (Lehrmethode) ausgesetzt. Zur Kontrolle ist es üb-
   lich, eine vierte Gruppe nach der gleichen Vorgehensweise zu installieren, die keinem besonderen Stimulus ausgesetzt ist, um zu überprüfen, welche Veränderungen die
   Gruppen zeigen, die allgemein einem experimentellen Stimulus ausgesetzt werden. Wir sehen von einer Kontrollgruppe in unserem Beispiel ab, da sie zur Darstellung der
   statistischen Methode nicht notwendig ist.

4. Nach Einwirkung des experimentellen Stimulus werden die
   Leistungen der Schüler gemessen. Das sind die Zahlenwerte
   in den Kategorien A_1, A_2 und A_3 in Tabelle 19.

5. Analyse der Ergebnisse: Offensichtlich weisen die Proban-
   den der Gruppe A_1 ein größeres Leistungsniveau auf als
   die der Gruppen A_2 und A_3. Die Frage ist, ob diese
   Variation der Leistungsgrade auch durch den Zufall entstanden sein kann, also gar nicht eindeutig auf den experimentellen Stimulus zurückzuführen ist. Eine Antwort
   darauf soll eine Analyse der Varianzen ergeben.

6. Da die Individuen nach dem Zufallsprinzip aus der Grundgesamtheit ausgewählt wurden, geht man davon aus, daß in
   allen drei Versuchsgruppen die individuellen Leistungsgrade zufällig variieren, also keine Gruppe mit ihrem Mittelwert von der anderen signifikant abweicht. Mit anderen
   Worten, alle drei Versuchsgruppen entstammen der gleichen
   Grundgesamtheit mit gleicher Varianz und gleichem Mittelwert ($\sigma_1 = \sigma_2 = \sigma_3$; $\mu_1 = \mu_2 = \mu_3$).

7. Das bedeutet, die (durchschnittliche) Varianz (Binnenvarianz) innerhalb der drei Samples (Gruppen, Kategorien)
   ist vor Einführung des experimentellen Stimulus gleich
   der Varianz der Mittelwerte der drei Gruppen um den Gesamtmittelwert (Zwischenvarianz). Das heißt, der Quotient aus
   Zwischenvarianz und Binnenvarianz ist (annähernd) eins.

8. Wenn nun der experimentelle Stimulus __tatsächlich__ einen
   Einfluß auf die Leistung der einzelnen Gruppen ausgeübt
   hat, dann wird die Zwischenvarianz größer sein als die
   Binnenvarianz.

Im folgenden Abschnitt soll das diskutierte Beispiel analysiert werden. Die Vorgehensweise stimmt qualitativ mit der unter Punkt 8 dargestellten überein. Es wird aber auf die in der gängigen Literatur dargestellte Vorgehensweise zurückgegriffen, die zwar nicht so sehr das Prinzip der Varianzanalyse erkennen läßt, dafür aber größere Übersichtlichtkeit bei der Durchführung einer Analyse garantiert.

Selbstverständlich ist die Vorgehensweise nicht auf durch das Experiment gewonnene Daten beschränkt, sondern kann auch bei Aggregatdaten oder Surveydaten angewendet werden.

8.1.1. <u>Beispiel einer Varianzanalyse</u>
<u>Zerlegung der Varianz in ihre Bestandteile</u>

Unser Ziel ist es, aufgrund der Daten in Tabelle 19 zwei unabhängige Varianzen zu berechnen, um anhand eines Vergleichs beider Varianzen entscheiden zu können, ob dem experimentellen Stimulus (allgemeiner: der unabhängigen Variablen) ein Einfluß zugebilligt werden kann oder nicht.

<u>Tabelle 19</u>:

Ergebnis eines Leistungstests für drei Gruppen, die nach unterschiedlichen Lehrmethoden unterrichtet wurden (nach Edwards, 3, 1966, S. 316)

	Methode 1		Methode 2		Methode 3	
	x_{11}	x_{11}^2	x_{12}	x_{12}^2	x_{13}	x_{13}^2
	7	49	4	16	2	4
	10	100	6	36	2	4
	10	100	7	49	3	9
	11	121	9	81	7	49
	12	144	9	81	6	36
Σ	50	514	35	263	20	102
$\bar{x}._j$	10		7		4	

$(\bar{x}..)$:   7

a) Berechnung der <u>Gesamtvariation</u>

Als erstes berechnen wir die Summe aller quadrierten Abweichungen vom Gesamtmittelwert $(\bar{x}..)$:

$$\sum_{i=1}^{N} (x_{ij} - \bar{x}..)^2 \tag{67}$$

wobei $N = n_1 + n_2 + n_3 = 15$ beträgt.

$(\bar{x}..)$: Gesamtmittelwert = 7

x_{ij} : Werte der 15 Individuen

Um die Berechnung zu vereinfachen, empfiehlt es sich, nach
folgender Formel vorzugehen:

$$\sum_{i=1}^{N} (x_{1j})^2 - \frac{\left[\sum_{i=1}^{N} x_{1j}\right]^2}{N} \tag{68}$$

(68) ist ein Äquivalent zu (67).

$$\sum_{i=1}^{N} (x_{1j} - \bar{x}..)^2 = 879 - \frac{(105)^2}{15}$$

$$= 879 - 735$$

$$= 144$$

Die Summe der quadrierten Abweichungen vom gesamten Mittelwert beträgt also 144. Es ist zu beachten, daß es sich
hier um die Summe der einzelnen Abweichungen handelt (Va-
riatioh), nicht um die Varianz. Sie erhält man erst durch
Standardisierung, indem man die Summe aller quadrierten
Abweichungen durch die Anzahl der in die Berechnung ein-
gegangenen Fälle dividiert.

b) Berechnung der Binnenvariation
Die Summe der quadrierten Binnenvariation wird wie folgt
errechnet. Innerhalb jeder Gruppe wird die Summe der quadrierten Abweichungen vom Gruppenmittelwert errechnet:

$$\sum_{i=1}^{n} (x_{1j} - \bar{x}._{j})^2$$

Anschließend werden die Summen einer jeden Gruppe addiert:

$$\sum_{j=1}^{k} \sum_{i=1}^{n} (x_{ij} - \bar{x}_{\cdot j})^2$$

Es folgt die Berechnung der Summe aller quadrierten Abweichungen für jedes einzelne Sample. Wir wenden wieder unser vereinfachtes Vorgehen an:

Gruppe 1:

$$\sum_{i=1}^{5} (x_{ij} - \bar{x}_{\cdot j})^2 \; = \; 514 - \frac{(50)^2}{5}$$

$$= \; 514 - 500$$

$$= \; 14$$

Gruppe 2:

$$\sum_{i=1}^{5} (x_{ij} - \bar{x}_{\cdot 2})^2 \; = \; 263 - \frac{(35)^2}{5}$$

$$= \; 263 - 245$$

$$= \; 18$$

Gruppe 3:

$$\sum_{i=1}^{5} (x_{ij} - \bar{x}_{\cdot 3})^2 \; = \; 102 - \frac{(20)^2}{5}$$

$$= \; 102 - 80$$

$$= \; 22$$

162

Summe aller Gruppen:

$$\sum_{j=1}^{k} \sum_{i=1}^{n} (x_{1j} - x_{\cdot j})^2 = 14 + 18 + 22 = \underline{\underline{54}}$$

Die Summe der quadrierten Binnenvariation beträgt also 54.

c) Berechnung der <u>Zwischenvariation</u>

Die Summe der Variation zwischen den einzelnen Gruppen um den gesamten Mittelwert stellt sich formelmäßig wie folgt dar:

$$\sum_{i=1}^{k} n \, (\bar{x}_{\cdot j} - \bar{x}_{\cdot\cdot})^2$$

Wir berechnen also die Summe der quadrierten Abweichungen der Samplemittelwerte vom Gesamtmittelwert. Dabei werden die einzelnen quadrierten Abweichungen mit dem Sampleumfang gewichtet.

<u>Gruppe 1:</u>

$$n_1(\bar{x}_{\cdot 1} - \bar{x}_{\cdot\cdot})^2 = 5(10 - 7)^2 = 45$$
$$n_2(\bar{x}_{\cdot 2} - \bar{x}_{\cdot\cdot})^2 = 5(7 - 7)^2 = 0$$
$$n_3(\bar{x}_{\cdot 3} - \bar{x}_{\cdot\cdot})^2 = 5(4 - 7)^2 = 45$$

Die Summe der Zwischenvariation beträgt 90.

Addieren wir Zwischenvariation und Binnenvariation, so entspricht dieser Wert demjenigen der Gesamtvariation (vgl. Tabelle 20).

163

Gesamtvariation = Binnenvariation + Zwischenvariation

$$\sum_{i=1}^{N}(x_{ij}-\bar{x}..)^2 \ = \ \sum_{j=1}^{k}\sum_{i=1}^{n}(x_{ij}-\bar{x}._j)^2 + \sum_{j=1}^{k}n_j(\bar{x}._j-\bar{x}..)^2 \qquad (69)$$

Tabelle 20:

Variation	Summe der quadrier-ten Abweichungen	df	Varianz pro Freiheitsgrad
innerhalb der Gruppen	54	12	4,5
zwischen den Gruppen	90	2	45,0
gesamt	144	14	

Daß die Gesamtvariation in die Binnenvariation und die Zwischenvariation zerfällt, läßt sich leicht nachweisen.

$$(x_{ij} - \bar{x}..) \ = \ (x_{ij} - \bar{x}._j) \ + \ (x._j - \bar{x}..)$$

Die Abweichung eines einzelnen Wertes vom gesamten Mittelwert haben wir zerlegt in eine Abweichung vom Kolonnenmittelwert (Samplemittelwert) und in eine Abweichung des Kolonnenmittelwertes vom Gesamtmittelwert. Die Identität ist unmittelbar einsichtig. Wir haben einmal ($\bar{x}._j$) subtrahiert und einmal addiert. Wenn wir beide Seiten quadrieren, erhalten wir folgenden Ausdruck:

$$(x_{ij} - \bar{x}..)^2 \ = \ [(x_{ij} - \bar{x}._j) + (\bar{x}._j - \bar{x}..)]^2$$

$$(x_{ij} - \bar{x}..)^2 \ = \ (x_{ij} - \bar{x}._j)^2 + 2(x_{ij} - \bar{x}._j)(\bar{x}._j - \bar{x}..)$$
$$+ \ (x._j - \bar{x}..)^2$$

Nun sind wir aber nicht daran interessiert, nur die quadrierte Differenz **eines** einzelnen Wertes zum Gesamtmittelwert usw. zu errechnen, sondern alle Fälle sollen berücksichtigt werden. Wir summieren also erst kolonnenweise (innerhalb eines Samples) und addieren dann die Kolonnensummen.

$$\sum_{i=1}^{k} \sum_{j=1}^{n} (x_{ij} - \bar{x}..)^2 = \sum_{j=1}^{k} \sum_{i=1}^{n} (x_{ij} - \bar{x}._j)^2$$

$$+ \ 2 \sum_{j=1}^{k} \sum_{i=1}^{n} (x_{ij} - \bar{x}._j)(x._j - \bar{x}..)$$

$$+ \sum_{j=1}^{k} \sum_{i=1}^{n} (\bar{x}._j - \bar{x}..)^2 \qquad (70)$$

Von dem mittleren Glied auf der rechten Seite der Gleichung stellt der Ausdruck für jede einzelne Kolonne $(\bar{x}._j - \bar{x}..)$ einen konstanten Faktor dar, er kann daher vor das Summenzeichen gezogen werden:

$$2 \sum_{j=1}^{k} (\bar{x}._j - \bar{x}..) \sum_{i=1}^{n} (x_{ij} - \bar{x}._j)$$

Die Summe der Abweichungen vom Mittelwert in dem Glied

$$\sum_{i=1}^{n} (x_{ij} - \bar{x}._j)$$

ist Null (Definition des Mittelwertes). Damit wird aber das ganze gemischte Glied in (70) Null und reduziert sich auf:

$$\sum_{j=1}^{k} \sum_{i=1}^{n} (x_{ij} - \bar{x}..)^2 = \sum_{j=1}^{k} \sum_{i=1}^{n} (x_{ij} - \bar{x}._j)^2$$

$$+ \sum_{j=1}^{k} \sum_{i=1}^{n} (\bar{x}._j - \bar{x}..)^2 \qquad (71)$$

wobei:

$$\sum_{j=1}^{k} \sum_{i=1}^{n} (\bar{x}_{ij} - \bar{x}..)^2 = \sum_{j=1}^{k} n_j (\bar{x}._j - \bar{x}..)^2$$

Mit anderen Worten: Die Gesamtvariation ist gleich der Summe
von Binnenvariation und Zwischenvariation, quod erat demon-
strandum.

Dividieren wir jeweils durch die Anzahl der zugehörigen Freiheitsgrade, erhalten wir die Varianz pro Freiheitsgrad (vgl.
Tabelle 20) - in unserem Beispiel 4,5 für die Binnenvarianz
und 45,0 für die Zwischenvarianz - und damit Formeln für
die beiden Varianzen, die mit (59) und (65) identisch sind.

Der Vergleich von Zwischenvarianz und Binnenvarianz in unserem Beispiel führt zu einem F-Wert von 10.

$$F = \frac{V_z}{V_b} = \frac{45,0}{4,5} = 10$$

Dieser Wert ist sowohl auf dem 5-%-Niveau als auch auf dem
1-%-Niveau signifikant. Das heißt, die Variation der Mittelwerte läßt sich nicht auf zufällige Fehler bei der Auswahl
der Samples zurückführen. Die Nullhypothese (H_o) wird zugunsten der Arbeitshypothese verworfen. Das bedeutet, die

Variation der Mittelwerte (Maß für die Leistung der Gruppe)
ist auf die unterschiedlichen Unterrichtsmethoden zurückzuführen.

8.1.2. <u>Varianzanalyse und Korrelation</u>

Wie schon die bisher abgehandelten Testverfahren (t-Test,
z-Test, Chi-Quadrat-Test), so erlaubt auch der F-Test nur
die Aussage, daß eine Beziehung (bzw. Differenz) vorliegt,
die nicht mehr durch den Zufall erklärt werden kann. Übertragen auf unser Beispiel: die unabhängige Variable (Unterrichtsmethode) beeinflußt die Leistung der Schüler (abhängige Variable). Wie stark dieser Einfluß jedoch ist, darüber kann uns der F-Test (Signifikanztest) keine Auskunft
geben, das vermag nur ein Korrelationskoeffizient. Das am
häufigsten in der Varianzanalyse verwendete Assoziationsmaß
ist R (Interklassen-Korrelationskoeffizient):

$$R = \frac{V_z - V_b}{V_z + (n-1)V_b} \tag{72}$$

wobei

V_z = Zwischen<u>varianz</u>
V_b = Binnen<u>varianz</u>
n = durchschnittliche Fallzahl pro Gruppe (Sample)

In unserem Beispiel ergibt sich ein R von 0,64:

$$R = \frac{45 - 4,5}{45 + (5-1) \cdot 4,5} = 0,64$$

8.1.3. Bestimmung der Varianzanteile

Bei einer Varianzanalyse besitzt neben der Signifikanzfrage
folgendes Problem zentrale Bedeutung: ein wie großer Anteil
der Varianz der abhängigen Variablen läßt sich auf die experimentelle bzw. unabhängige Variable zurückführen? Da wir
die Versuchspersonen in unserem Beispiel nach dem Zufallsverfahren ausgewählt und zufällig auf die drei Gruppen auf-
geteilt haben, werden die Zwischenvarianz und die Binnenvarianz vor Einführung des experimentellen Stimulus nahezu
identisch sein. Nach Einwirkung des experimentellen Stimulus
wird eine eventuell zu beobachtende Differenz zwischen beiden Varianzen auf eben diesen Stimulus zurückzuführen sein.
Dividiert man diese Differenz durch die Anzahl der Gruppen-
mitglieder, dann bilden dieser Quotient und die Binnenvarianz die Komponenten der Gesamtvarianz. Die Vorgehensweise
ist in Tabelle 21 dargestellt:

Tabelle 21:

	n	Varianz pro df	Anteile	%
V_z	5	45,0	8,1	64
V_b		4,5	4,5	36

$$45,0 - 4,5 = 40,5$$
$$40,5 : 5,0 = 8,1$$
$$8,1 + 4,5 = 12,6$$
$$8,1 : 12,6 = 0,64$$
$$4,5 : 12,6 = 0,36$$

Von der Gesamtvarianz läßt sich also ein Anteil von 0,64
auf die unabhängige Variable (Unterrichtsmethode) zurückführen. Das ist aber genau der Wert, der sich bei der Berechnung von R ergab. Tatsächlich sind die hier dargestellte
Vorgehensweise und die Berechnung von R algebraisch identisch. R ist also nicht nur ein Maß für die Stärke der
Beziehung beider Variablen, sondern gibt uns auch den Anteil
an der Gesamtvarianz an, der auf das Konto der unabhängigen
Variablen geht.

Die Varianzanalyse wurde hier nur für den Fall abgehandelt,
daß _eine_ unabhängige Variable vorliegt. Selbstverständlich
kann sie auch bei mehreren unabhängigen Variablen angewendet werden. Wird zum Beispiel zusätzlich eine zweite Variable (Faktor) eingeführt und wirkt sie tatsächlich auf die
abhängige Variable ein, dann wird es uns gelingen, die "er-
klärte Varianz" - in unserem Beispiel 64 % - weiter zu ver-
größern und damit die "Fehlervarianz" (36 %) zu verringern.
Z. B. könnte man sich vorstellen, daß die Unterrichtsmethoden auf introvertierte Schüler anders wirken als auf ex-
trovertierte. Die zweite unabhängige Variable wäre also
"Schülertyp". Statt drei Gruppen sind dann sechs Versuchsgruppen erforderlich. Beispiele für Varianzanalysen mit zwei
unabhängigen Variablen finden sich z. B. bei Palumbo (11)
und Hays (4).

9.   Schlußbemerkungen

Um Signifikanztests durchführen zu können, müssen bestimmte
Bedingungen erfüllt sein, auf die im Vorangehenden immer wieder hingewiesen wurde. Trotzdem soll abschließend noch einmal
kurz auf diesen Problemkreis eingegangen werden. Einmal, weil
die - hier als erforderlich - dargelegten Bedingungen immer
wieder außer acht gelassen werden und zum anderen,um nicht
den Eindruck zu erwecken, es herrsche über diese Bedingungen
allgemeiner Konsensus. Daneben soll kurz auf die Aussagekraft
von Signifikanztests eingegangen werden. Die Darstellung kann
hier nur stichwortartig erfolgen. Eine eingehende Diskussion
der Probleme findet der Leser in der von Morrision und Henkel (9) dokumentierten und von Hanan C. Selvin (13) ausge-
lösten Signifikanztestkontroverse.

9.1. Zum Problem der Auswahl und der Faktorenkontrolle

Die hier dargestellten Schlußmethoden können nur dann sinnvoll
angewendet werden, wenn die zugrunde liegenden Daten durch
Zufallsauswahlen gewonnen worden sind; genauer: durch einfache Zufallsauswahlen (simple random sampling). Der Formel-
apparat wird komplizierter, wenn Schlüsse anhand von Daten
gezogen werden sollen, die zwar unter Berücksichtigung des
Zufallsprinzips erhoben wurden, aber kein simple random
sampling darstellen, sondern Variationen dieses Verfahrens sind
(z. B. Kluster-, Gebiets- oder disproportionale Auswahlen).

Obwohl weitgehend Konsensus darüber besteht, daß eine Zufallsauswahl notwendige Voraussetzung für die sinnvolle Anwendung von Signifikanztests ist, wird doch in der Praxis
häufig gegen dieses Prinzip verstoßen. Nach einer Analyse
von Morrison und Henkel (8) beruhen ungefähr 40 % aller in

der Zeit von 1947-1967 in der "American Sociological Review" veröffentlichten Untersuchungen, die sich quantitativer Verfahren und Signifikanztests bedienten, auf Daten, bei denen das Zufallsprinzip bei der Auswahl vernachlässigt worden war. Dieser Tatbestand dürfte sich nicht nur auf die genannte Zeitschrift beschränken. Resultieren wird dieser Mißbrauch aus der weitverbreiteten Unkenntnis der notwendigen Bedingungen eines Signifikanztests. Daten, die durch Quotenverfahren gewonnen werden, genügen nicht den Anforderungen schließender Statistik, auch dann nicht, wenn nachträglich überprüft wurde, daß die erhobenen Merkmale mit den vorgegebenen Quoten und den diesen zugrunde liegenden Statistiken übereinstimmen. Zum einen, weil sie sich häufig bei einer weiteren Aufgliederung doch nicht als repräsentativ erweisen, und weil zum anderen die verdeckten Ausfälle meist zu Verzerrungen führen.

Selvin (13, S. 520 ff) findet überhaupt keine Möglichkeit, Signifikanztests in der nichtexperimentellen Sozialforschung anzuwenden, selbst wenn die Bedingung der Zufallsauswahl erfüllt ist, da z. B. eine Randomisierung (wie sie beim Experiment Bedingung ist) bei nichtexperimenteller Vorgehensweise unmöglich sei und damit eine wirksame Faktorenkontrolle nicht gewährleistet werden könne. Nach Selvin (13) hat ein signifikanter Stadt-Land-Unterschied - z. B. hinsichtlich des politischen Interesses - nur geringe Bedeutung, so lange Variablen, die mit der unabhängigen variieren (correlated biases), nicht kontrolliert werden. Signifikanztests seien erst dann anwendbar, wenn alle wichtigen Drittfaktoren berücksichtigt worden sind. Diese Faktorenkontrolle, die meist nur durch umfangreiche Kreuztabellierungen möglich ist - und die in ihren Wirkungen der Randomisierung entsprechen soll - ist aber praktisch kaum durchführbar. Nur selten werden so viele Fälle erhoben, daß eine solch extensive Aufgliederung des Materials möglich wäre. Die Zellen würden bald Besetzungszahlen aufweisen, die fundierte Aussagen nicht mehr ermöglichten. Zudem dürfte es schwierig sein, alle für ein bestimmtes Problem unter Umständen wichtige Variablen in einem Fragebogen unterzubringen. Wird die Kontrolle aller wichtigen Drittfaktoren zur Voraussetzung für die Durchführung von Signifikanztests erhoben, dann muß man folgern, ".... tests of statistical significance are inapplicable in nonexperimental research" (Selvin, 13, S. 527).

Diese kategorische Ablehnung von Signifikanztests in der Umfrageforschung hat sich nicht durchgesetzt. Die Argumentation von Selvin war zwar ein wichtiger Stimulus für die kritische Überprüfung der Bedingungen, blieb jedoch nicht unwidersprochen (vgl. z. B. McGinnis, 7).

Daß mit der unabhängigen Variablen (Stadt-Land) gleichzeitig andere Variablen korrelieren können (z. B. Einkommen, Bildung usw.), ist unbestritten. Darüber bestimmte Aussagen zu machen, gibt uns der Signifikanztest keine Handhabe. Wir sind aber legitimiert festzulegen (mit einem bestimmten Fehlerrisiko), ob zwei Teilpopulationen sich hinsichtlich eines Merkmals unterscheiden oder nicht. Interpretiert man Signifikanztests in diesem Sinne, haben sie auch in der nichtexperimentellen Sozialforschung einen legitimen Platz.

9.2. <u>Zum Problem des Signifikanzniveaus</u>

Das 1-%-ige bzw. 5-%-ige Signifikanzniveau ist so weitgehend als gültiges Entscheidungskriterium internalisiert worden, daß darüber ganz vergessen wird, daß es sich hierbei eigentlich um eine Konvention handelt und nicht um eine sich aus der statistischen Theorie ergebende Notwendigkeit. Daraus resultiert eine starre und meist nicht begründbare Anwendung

dieses Kriteriums, die dazu führt, Forschungsergebnisse in
eine "gute" und eine "schlechte" Hälfte aufzuteilen, nämlich
in "signifikante" und "nicht signifikante", dabei sind aber
beide möglichen Ergebnisse für die Erklärung sozialer Phäno-
mene gleich relevant. Diese Erklärung wird jedoch dann er-
schwert - wenn nicht verhindert -, wenn nur die Ergebnisse
publiziert werden, die signifikant sind. Selbst wenn sich
beispielsweise zwei Populationen durch gleiche Mittelwerte
irgendeines Merkmals auszeichnen, werden wir natürlich in
ungefähr fünf von hundert Fällen (bei einem Signifikanzniveau von p = 0,05) zwei Mittelwerte für unsere Samplepaare
errechnen, die signifikant voneinander abweichen. Werden getreu der angeführten Verfahrensweise nur diese signifikanten
Ergebnisse publiziert, verbreitet man nur empirische Arte-
fakte. Daß tatsächlich vorwiegend signifikante Ergebnisse
publiziert werden, deutet eine Untersuchung von Sterling
(15) an.

Um solchen Tendenzen entgegenzuwirken, muß immer wieder betont werden, daß nichtsignifikanten Beziehungen die gleiche
Bedeutung zukommt wie signifikanten Beziehungen! Hilfreich
könnte dabei der Verlust des Heiligenscheins konventioneller
Signifikanzniveaus sein. Es ist durchaus sinnvoll, die Wahl
des Signifikanzniveaus vom Forschungsproblem und von der Da-
tenlage abhängig zu machen (Skipper, Guenther und Nass, 14).

Eine Möglichkeit, die Bedeutung der Signifikanzniveaus zu
relativieren, wäre auch, den Vorschlägen von Morrison und
Henkel zu folgen und die starre Grenze zwischen Annahme und
Ablehnung einer Hypothese nicht exakt, sondern beweglicher
zu ziehen und entsprechend verbal abzustufen: z. B. starke,
schwache und keine Unterstützung einer Hypothese (Morrison
und Henkel, 9, S. 194 f und S. 307).

9.3. <u>Die Aussagefähigkeit von Signifikanztests</u>

Als notwendige Bedingung für die Durchführung von Signifikanztests wurde Wahrscheinlichkeitsauswahl postuliert. Dies
impliziert, daß die Population, aus der die Einheiten ausgewählt werden, hinsichtlich Raum und Zeit genau bestimmt ist,
denn nur dann kann für die einzelnen Elemente der Grundgesamtheit Chancengleichheit gewährleistet werden. Folglich
können sich die resultierenden Aussagen auch nur auf eben
diese definierte Grundgesamheit beziehen. Verallgemeinerungen
über die definierte Grundgesamtheit hinaus können zwar häufig
beobachtet werden, bleiben aber trotzdem illegitim.

Die Fehlinterpretationen von Signifikanztests sind mannig-
faltig. Ein Signifikanztest wie der χ^2-Test erlaubt nur die
Aussage, wie sicher man sein kann, daß eine beobachtete Beziehung auch tatsächlich in der Grundgesamtheit vorliegt. Er
erlaubt keine Aussage über die Stärke der Beziehung. Signifikanz auf dem 1-%-Niveau ist sowohl mit großen als auch mit
kleinen Korrelationskoeffizienten vereinbar. Sie erlaubt auch
keine Aussage über Richtung und Form der Beziehung, ob also
eine positive oder negative bzw. eine lineare oder nichtlineare Beziehung vorliegt. Wir werden aber um so eher zu
signifikanten Ergebnissen kommen, je größer der Umfang des
Samples ist. Mit genügend großen Samples ist es immer möglich, Signifikanzen zu beobachten. Dies kann natürlich dazu
führen, daß wir zwar zu statistisch hoch signifikanten,
praktisch aber unbedeutenden Ergebnissen kommen. Das heißt
beispielsweise, daß sich bei einem Differenzentest (z. B.
beim z-Test) zwar aufgrund der hohen Fallzahl hoch signifikante Unterschiede ergeben, die Differenz der beiden Samplemittelwerte tatsächlich aber sehr gering ist, so daß wir dem
zugrunde liegenden Faktor, der unabhängigen Variablen, nur
einen geringen Einfluß auf die abhängige Variable zugestehen
können.

Es ist also zwischen statistischer und praktischer Bedeut-
samkeit zu unterscheiden - was wiederum zeigt, daß Signifikanztests kritische Reflexion nicht ersetzen können und viel-
fältige Möglichkeiten für Mißbrauch und unzulässige Verallgemeinerungen bestehen. Technisch ist die Durchführung eines
Signifikanztests unproblematisch, besonders seit diese durch
die elektronische Datenverarbeitung sozusagen automatisch
anfallen. Sinnvolle Verwendung ist aber erst durch die Kenntnis der Voraussetzungen und der mannigfaltigen Restriktionen
möglich.

Literaturverzeichnis

(1) Blalock, H. M., Social Statistics, New York 1960.

(2) Clauss, G. und H. Ebner, Grundlagen der Statistik für
    Psychologen, Pädagogen und Soziologen, Berlin 1967.

(3) Edwards, A. L., Statistical Methods for the Behavioral
    Sciences, New York 1966.

(4) Hays, W. L., Statistics for Psychologists, New York 1969.

(5) Kerlinger, E. N., Foundations of Behavioral Research,
    New York 1964.

(6) Levy, S. G., Inferential Statistics in the Behavioral
    Sciences, New York 1968.

(7) McGinnis, R., Randomization and Inference in Sociologi-
    cal Research, in: American Sociological Review 23
    (1958), S. 408-414.

(8) Morrison, D. E. und R. E. Henkel, Significance Tests
    Reconsidered, in: The American Sociologist 4 (1969),
    S. 131-140.

(9) Morrison, D. und R. Henkel (Hrsg.), The Significance
    Test Controversy, Chicago 1970.

(10) Neurath, P., Statistik für Sozialwissenschaftler,
     Stuttgart 1966.

(11) Palumbo, D. J., Statistics in Political and Behavioral
     Science, New York 1969.

(12) Ritsert, J. und E. Becker, Grundzüge sozialwissen-
     schaftlich-statistischer Argumentation, Opladen 1971.

(13) Selvin, H. C., A Critique of Tests of Significance in
     Survey Research, in: American Sociological Review 22
     (1957), S. 519-527.

(14) Skipper, J. K., A. L. Guenther und G. Nass, The sacred-
     ness of O5: a note concerning the uses of statistical
     levels of significance in social science, American So-
     ciologist 2 (February), S. 16-18.

(15) Sterling, T. D., Publications Decisions and their pos-
     sible Effects on Inferences Drawn from Tests of Signi-
     ficance - or vice versa, in: Journal of the American
     Statistical Association 54 (March, 1959), S. 30-34.

Tabelle I: Flächenanteile der Normalverteilung

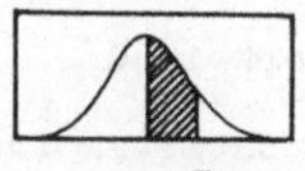

Die Zahlenwerte entsprechen dem schraffierten Flächenanteil. Die gesamte Fläche unter der Kurve hat den Wert 1.000.

$$z = \frac{x - \bar{x}}{\sigma_x}$$

z	.00	.01	.02	.03	.04	.05	.06	.07	.08	.09
0,0	.000	.004	.008	.012	.016	.020	.024	.028	.032	.036
0,1	.040	.044	.048	.052	.056	.060	.064	.068	.071	.075
0,2	.079	.083	.087	.091	.095	.099	.103	.106	.110	.114
0,3	.118	.122	.126	.192	.133	.137	.141	.144	.148	.152
0,4	.155	.159	.163	.166	.170	.174	.177	.181	.184	.188
0,5	.192	.195	.199	.202	.205	.209	.212	.216	.219	.222
0,6	.226	.229	.232	.236	.239	.242	.245	.249	.252	.255
0,7	.258	.261	.264	.267	.270	.273	.276	.279	.282	.285
0,8	.288	.291	.294	.297	.300	.302	.305	.308	.311	.313
0,9	.316	.319	.321	.342	.326	.329	.322	.334	.337	.339
1,0	.341	.344	.346	.349	.351	.353	.355	.358	.360	.362
1,1	.364	.367	.369	.371	.373	.375	.377	.379	.381	.383
1,2	.385	.387	.389	.391	.393	.394	.396	.398	.400	.402
1,3	.403	.405	.407	.408	.410	.412	.413	.415	.416	.418
1,4	.419	.421	.422	.424	.425	.427	.428	.429	.431	.432
1,5	.433	.435	.436	.437	.438	.439	.441	.442	.443	.444
1,6	.445	.446	.447	.448	.450	.451	.452	.453	.454	.455
1,7	.455	.456	.457	.458	.459	.460	.461	.462	.463	.463
1,8	.464	.465	.466	.466	.467	.468	.469	.469	.470	.471
1,9	.471	.472	.473	.473	.474	.474	.475	.476	.476	.477
2,0	.477	.478	.478	.479	.479	.480	.480	.481	.481	.482
2,1	.482	.483	.483	.483	.484	.484	.485	.485	.485	.486
2,2	.486	.486	.487	.487	.488	.488	.488	.488	.489	.489
2,3	.489	.490	.490	.490	.490	.491	.491	.491	.491	.492
2,4	.492	.492	.492	.493	.493	.493	.493	.493	.493	.494
2,5	.494	.494	.494	.494	.495	.495	.495	.495	.495	.499
2,6	.495	.496	.496	.496	.496	.496	.496	.496	.496	.496
2,7	.497	.497	.497	.497	.497	.497	.497	.497	.497	.497
2,8	.498	.498	.498	.498	.498	.498	.498	.498	.498	.498
2,9	.498	.498	.498	.498	.498	.498	.498	.498	.499	.499

Der Punkt vor jeder Zahl bedeutet, daß dem Wert eine Null vorauszusetzen ist.

Tabelle II: t-Verteilung

Signifikanzgrad (Wahrscheinlichkeit) für zweiseitige Fragestellung

df	.90	.80	.70	.60	.50	.40	.30	.20	.10	.05	.02	.01
1	0,16	0,33	0,51	0,73	1,00	1,38	1,96	3,08	6,31	1)	2)	3)
2	0,14	0,29	0,45	0,62	0,82	1,06	1,39	1,89	2,92	4,30	6,97	9,93
3	0,14	0,28	0,42	0,58	0,77	0,98	1,25	1,64	2,35	3,18	4,54	5,84
4	0,13	0,27	0,41	0,57	0,74	0,94	1,19	1,53	2,13	2,78	3,75	4,60
5	0,13	0,27	0,41	0,56	0,73	0,92	1,16	1,48	2,02	2,57	3,37	4,03
6	0,13	0,27	0,40	0,55	0,72	0,91	1,13	1,44	1,94	2,45	3,14	3,71
7	0,13	0,26	0,40	0,55	0,71	0,90	1,12	1,42	1,90	2,37	3,00	3,50
8	0,13	0,26	0,40	0,55	0,71	0,89	1,11	1,40	1,86	2,31	2,90	3,36
9	0,13	0,26	0,40	0,54	0,70	0,88	1,10	1,38	1,83	2,26	2,82	3,25
10	0,13	0,26	0,40	0,54	0,70	0,88	1,09	1,37	1,81	2,23	2,76	3,17
11	0,13	0,26	0,40	0,54	0,70	0,88	1,09	1,36	1,80	2,20	2,72	3,11
12	0,13	0,26	0,40	0,54	0,70	0,87	1,08	1,36	1,78	2,18	2,68	3,06
13	0,13	0,26	0,39	0,54	0,69	0,87	1,08	1,35	1,77	2,16	2,65	3,01
14	0,13	0,26	0,39	0,54	0,69	0,87	1,08	1,35	1,76	2,15	2,62	2,98
15	0,13	0,26	0,39	0,54	0,69	0,87	1,07	1,34	1,75	2,13	2,60	2,95
16	0,13	0,26	0,39	0,54	0,69	0,87	1,07	1,34	1,75	2,12	2,58	2,92
17	0,13	0,26	0,39	0,53	0,69	0,86	1,07	1,33	1,74	2,11	2,57	2,90
18	0,13	0,26	0,39	0,53	0,69	0,86	1,07	1,33	1,73	2,10	2,55	2,88
19	0,13	0,26	0,39	0,53	0,69	0,86	1,07	1,33	1,73	2,09	2,54	2,86
20	0,13	0,26	0,39	0,53	0,69	0,86	1,06	1,33	1,73	2,09	2,53	2,85
21	0,13	0,26	0,39	0,53	0,69	0,86	1,06	1,32	1,72	2,08	2,52	2,83
22	0,13	0,26	0,39	0,53	0,69	0,86	1,06	1,32	1,72	2,07	2,51	2,82
23	0,13	0,26	0,39	0,53	0,69	0,86	1,06	1,32	1,71	2,07	2,50	2,81
24	0,13	0,26	0,39	0,53	0,69	0,86	1,06	1,32	1,71	2,06	2,49	2,80
25	0,13	0,26	0,39	0,53	0,68	0,86	1,06	1,32	1,71	2,06	2,49	2,79
26	0,13	0,26	0,39	0,53	0,68	0,86	1,06	1,32	1,71	2,06	2,48	2,78
27	0,13	0,26	0,39	0,53	0,68	0,86	1,06	1,31	1,70	2,05	2,47	2,77
28	0,13	0,26	0,39	0,53	0,68	0,86	1,06	1,31	1,70	2,05	2,47	2,76
29	0,13	0,26	0,39	0,53	0,68	0,85	1,06	1,31	1,70	2,05	2,46	2,76
30	0,13	0,26	0,39	0,53	0,68	0,85	1,06	1,31	1,70	2,04	2,46	2,75
∞	0,13	0,25	0,39	0,52	0,67	0,84	1,04	1,28	1,65	1,96	2,33	2,58
	.45	.40	.35	.30	.25	.20	.15	.10	.05	.025	.001	.005

Signifikanzgrad (Wahrscheinlichkeit) für einseitige Fragestellung

1) 12,71   2) 31,82   3) 63,66

Anmerkung zu Tabelle II s. S. 184.

Tabelle III   Die Chi-Quadrat-(χ^2)-Verteilung

Frei-
heits-
grade   Signifikanzgrad (Wahrscheinlichkeit)

df	0,99	0,98	0,95	0,90	0,80	0,70	0,50	0,30	0,20	0,10	0,05	0,02	0,01
1	+0,00	+0,00	+0,00	0,02	0,06	0,15	0,46	1,07	1,64	2,71	3,84	5,41	6,64
2	0,02	0,04	0,10	0,21	0,45	0,71	1,39	2,41	3,22	4,61	5,99	7,82	9,21
3	0,12	0,19	0,35	0,58	1,01	1,42	2,37	3,67	4,64	6,25	7,82	9,84	11,34
4	0,30	0,43	0,71	1,06	1,65	2,20	3,36	4,88	5,99	7,78	9,49	11,67	13,28
5	0,55	0,75	1,15	1,61	2,34	3,00	4,35	6,06	7,29	9,24	11,07	13,39	15,09
6	0,87	1,13	1,64	2,20	3,07	3,83	5,35	7,23	8,56	10,65	12,59	15,03	16,81
7	1,24	1,56	2,17	2,83	3,82	4,67	6,35	8,38	9,80	12,07	14,07	16,62	18,48
8	1,65	2,03	2,73	3,49	4,59	5,53	7,34	9,52	11,03	13,36	15,51	18,17	20,09
9	2,09	2,53	3,33	4,17	5,38	6,39	8,34	10,66	12,24	14,68	16,92	19,68	21,67
10	2,56	3,06	3,94	4,87	6,18	7,27	9,34	11,78	13,44	15,99	18,31	21,16	23,21
11	3,05	3,61	4,58	5,58	6,99	8,15	10,34	12,91	14,63	17,28	19,68	22,62	24,73
12	3,57	4,18	5,23	6,30	7,81	9,03	11,34	14,01	15,81	18,55	21,03	24,05	26,22
13	4,11	4,77	5,89	7,04	8,63	9,93	12,34	15,12	16,99	19,81	22,36	25,47	27,69
14	4,66	5,37	6,57	7,79	9,47	10,82	13,34	16,22	18,15	21,06	23,69	26,87	29,14
15	5,23	5,99	7,26	8,55	10,31	11,72	14,34	17,32	19,31	22,31	25,00	28,26	30,58
16	5,81	6,61	7,96	9,31	11,15	12,62	15,34	18,42	20,47	23,54	26,30	29,63	32,00
17	6,41	7,26	8,67	10,09	12,00	13,53	16,34	19,51	21,62	24,77	27,59	31,00	33,41
18	7,02	7,91	9,39	10,87	12,86	14,44	17,34	20,60	22,76	25,99	28,87	32,35	34,81
19	7,63	8,57	10,12	11,65	13,72	15,35	18,34	21,69	23,90	27,20	30,14	33,69	36,19
20	8,26	9,24	10,85	12,44	14,85	16,27	19,34	22,78	25,04	28,41	31,41	35,02	37,57

Tabelle III (Forts.)　　　　　Die Chi-Quadrat-(χ^2)-Verteilung

Frei- heits- grade					Signifikanzgrad (Wahrscheinlichkeit)								
df	0,99	0,98	0,95	0,90	0,80	0,70	0,50	0,30	0,20	0,10	0,05	0,02	0,01
21	8,90	9,92	11,59	13,24	15,45	17,18	20,34	23,86	26,17	29,62	32,67	36,34	38,93
22	9,54	10,60	12,34	14,04	16,31	18,10	21,34	24,94	27,30	30,81	33,92	37,66	40,29
23	10,20	11,29	13,09	14,85	17,19	19,02	22,34	26,02	28,43	32,01	35,17	38,97	41,64
24	10,86	11,99	13,85	15,66	18,06	19,94	23,34	27,10	29,55	33,20	36,42	40,27	42,98
25	11,52	12,70	14,61	16,47	18,94	20,87	24,34	28,17	30,68	34,38	37,65	41,57	44,31
26	12,20	13,41	15,38	17,29	19,82	21,79	25,34	29,25	31,80	35,56	38,89	42,86	45,64
27	12,88	14,13	16,15	18,11	20,70	22,72	26,34	30,32	32,91	36,74	40,11	44,14	46,96
28	13,57	14,85	16,93	18,94	21,59	23,65	27,34	31,39	34,03	37,92	41,34	45,42	48,28
29	14,26	15,57	17,71	19,77	22,48	24,58	28,34	32,49	35,14	39,09	42,56	46,69	49,59
30	14,95	16,31	18,49	20,60	23,36	25,51	29,34	33,53	36,25	40,26	43,77	47,96	50,89

Die Zahlenwerte der mit [+] versehenen Zahlen 0,00 für n = 1 und die Signifikanzgrade 0,99, 0,98, 0,95 sind: 0,000157, 0,000628, 0,00393.

Die Tabelle gibt an, wie groß der Zahlenwert mindestens sein muß, um bei einem bestimmten Signifikanzgrad und einer gegebenen Anzahl von Freiheitsgraden als signifikant zu gelten.

Tabelle IVa: F-Verteilung $\dfrac{s_1^{\,2}}{s_2^{\,2}}$, 5-%-iger Signifikanzgrad

df$_2$	df$_1$: Freiheitsgrade für die größere Varianz							
	1	2	3	4	5	6	7	8
1	161	200	216	225	230	234	237	239
2	18,51	19,00	19,16	19,25	19,30	19,33	19,36	19,37
3	10,13	9,55	9,28	9,12	9,01	8,94	8,88	8,84
4	7,71	6,94	6,59	6,39	6,26	6,16	6,09	6,04
5	6,61	5,79	5,41	5,19	5,05	4,95	4,88	4,82
6	5,99	5,14	4,76	4,53	4,39	4,28	4,21	4,15
7	5,59	4,74	4,35	4,12	3,97	3,87	3,79	3,73
8	5,32	4,46	4,07	3,84	3,69	3,58	3,50	3,44
9	5,12	4,26	3,86	3,63	3,48	3,37	3,29	3,23
10	4,96	4,10	3,71	3,48	3,33	3,22	3,14	3,07
12	4,75	3,88	3,49	3,26	3,11	3,00	2,92	2,85
14	4,60	3,74	3,34	3,11	2,96	2,85	2,77	2,70
16	4,49	3,63	3,24	3,01	2,85	2,74	2,66	2,59
18	4,41	3,55	3,16	2,93	2,77	2,66	2,58	2,51
20	4,35	3,49	3,10	2,87	2,71	2,60	2,52	2,45
25	4,24	3,38	2,99	2,76	2,60	2,49	2,41	2,34
30	4,17	3,32	2,92	2,69	2,53	2,42	2,34	2,27
50	4,03	3,18	2,79	2,56	2,40	2,29	2,20	2,13
100	3,94	3,09	2,70	2,46	2,30	2,19	2,10	2,03
150	3,91	3,06	2,67	2,43	2,27	2,16	2,07	2,00
400	3,86	3,02	2,62	2,39	2,23	2,12	2,03	1,96
1000	3,85	3,00	2,61	2,38	2,22	2,10	2,02	1,95
∞	3,84	2,99	2,60	2,37	2,21	2,09	2,01	1,94

Die Tabelle gibt an, wie groß der Zahlenwert von $F = \dfrac{s_1^{\,2}}{s_2^{\,2}}$ mindestens sein muß, um als signifikant zu gelten. Die größere der beiden Varianzen ist immer in den Zähler einzusetzen.

Tabelle IVa: (Forts.)

df_1: Freiheitsgrade für die größere Varianz

df_2	9	10	14	20	30	50	100	500	∞
1	241	242	245	248	250	252	253	254	254
2	19,38	19,39	19,42	19,44	19,46	19,47	19,49	19,50	19,50
3	8,81	8,78	8,71	8,66	8,62	8,58	8,56	8,54	8,53
4	6,00	5,96	5,87	5,80	5,74	5,70	5,66	5,64	5,63
5	4,78	4,74	4,64	4,56	4,50	4,44	4,40	4,37	4,36
6	4,10	4,06	3,96	3,87	3,81	3,75	3,71	3,68	3,67
7	3,68	3,63	3,52	3,44	3,38	3,32	3,28	3,24	3,23
8	3,39	3,34	3,23	3,15	3,08	3,03	2,98	2,94	2,93
9	3,18	3,13	3,02	2,93	2,86	2,80	2,76	2,72	2,71
10	3,02	2,97	2,86	2,77	2,70	2,64	2,59	2,55	2,54
12	2,80	2,76	2,64	2,54	2,46	2,40	2,35	2,31	2,30
14	2,65	2,60	2,48	2,39	2,31	2,24	2,19	2,14	2,13
16	2,54	2,49	2,37	2,28	2,20	2,13	2,07	2,02	2,01
18	2,46	2,41	2,29	2,19	2,11	2,04	1,98	1,93	1,92
20	2,40	2,35	2,23	2,12	2,04	1,96	1,90	1,85	1,84
25	2,28	2,24	2,11	2,00	1,92	1,84	1,77	1,72	1,71
30	2,21	2,16	2,04	1,93	1,84	1,76	1,69	1,64	1,62
50	2,07	2,02	1,90	1,78	1,69	1,60	1,52	1,46	1,44
100	1,97	1,92	1,79	1,68	1,57	1,48	1,39	1,30	1,28
150	1,94	1,89	1,76	1,64	1,54	1,44	1,34	1,25	1,22
400	1,90	1,85	1,72	1,60	1,49	1,38	1,28	1,16	1,13
1000	1,89	1,84	1,70	1,58	1,47	1,36	1,26	1,13	1,08
∞	1,88	1,83	1,69	1,57	1,46	1,35	1,24	1,11	1,00

Tabelle IVb: F-Verteilung $\dfrac{s_1^2}{s_2^2}$, 1-%-iger Signifikanzgrad

df_1: Freiheitsgrade für die größere Varianz

df_2	1	2	3	4	5	6	7	8
1	4052	4999	5403	5625	5764	5859	5928	5981
2	98,49	99,01	99,17	99,25	99,30	99,33	99,34	99,36
3	34,12	30,81	29,46	28,71	28,24	27,91	27,67	27,49
4	21,20	18,00	16,69	15,98	15,52	15,21	14,98	14,80
5	16,26	13,27	12,06	11,39	10,97	10,67	10,45	10,27
6	13,74	10,92	9,78	9,15	8,75	8,47	8,26	8,10
7	12,25	9,55	8,45	7,85	7,46	7,19	7,00	6,84
8	11,26	8,65	7,59	7,01	6,63	6,37	6,19	6,03
9	10,56	8,02	6,99	6,42	6,06	5,80	5,62	5,47
10	10,04	7,56	6,55	5,99	5,64	5,39	5,21	5,06
12	9,33	6,93	5,95	5,41	5,06	4,82	4,65	4,50
14	8,86	6,51	5,56	5,03	4,69	4,46	4,28	4,14
16	8,53	6,23	5,29	4,77	4,44	4,20	4,03	3,89
18	8,28	6,01	5,09	4,58	4,25	4,01	3,85	3,71
20	8,10	5,85	4,94	4,43	4,10	3,87	3,71	3,56
25	7,77	5,57	4,68	4,18	3,86	3,63	3,46	3,32
30	7,56	5,39	4,51	4,02	3,70	3,47	3,30	3,17
50	7,17	5,06	4,20	3,72	3,41	3,18	3,02	2,88
100	6,90	4,82	3,98	3,51	3,20	2,99	2,82	2,69
150	6,81	4,75	3,91	3,44	3,14	2,92	2,76	2,62
400	6,70	4,66	3,83	3,36	3,06	2,85	2,69	2,55
1000	6,66	4,62	3,80	3,34	3,04	2,82	2,66	2,53
∞	6,64	4,60	3,78	3,32	3,02	2,80	2,64	2,51

Die Tabelle gibt an, wie groß der Zahlenwert von $F = \dfrac{s_1^2}{s_2^2}$ mindestens sein muß, um als signifikant zu gelten. Die größere der beiden Varianzen ist immer in den Zähler einzusetzen.

Tabelle IVb: (Forts.)

df_2	\multicolumn{9}{c}{df_1: Freiheitsgrade für die größere Variane}
	9	10	14	20	30	50	100	500	∞
1	6022	6056	6142	6208	6258	6302	6334	6361	6366
2	99,38	99,40	99,43	99,45	99,47	99,48	99,49	99,50	99,50
3	27,34	27,23	26,92	26,69	26,50	26,35	26,23	26,14	26,12
4	14,66	14,54	14,24	14,02	13,83	13,69	13,57	13,48	13,46
5	10,15	10,05	9,77	9,55	9,38	9,24	9,13	9,04	9,02
6	7,98	7,87	7,60	7,39	7,23	7,09	6,99	6,90	6,88
7	6,71	6,62	6,35	6,15	5,98	5,85	5,75	5,67	5,65
8	5,91	5,82	5,56	5,36	5,20	5,06	4,96	4,88	4,86
9	5,35	5,26	5,00	4,80	4,64	4,51	4,41	4,33	4,31
10	4,95	4,85	4,60	4,41	4,25	4,12	4,01	3,93	3,91
12	4,39	4,30	4,05	3,86	3,70	3,56	3,46	3,38	3,36
14	4,03	3,94	3,70	3,51	3,34	3,21	3,11	3,02	3,00
16	3,78	3,69	3,45	3,25	3,10	2,96	2,86	2,77	2,75
18	3,60	3,51	3,27	3,07	2,91	2,78	2,68	2,59	2,57
20	3,45	3,37	3,13	2,94	2,77	2,63	2,53	2,44	2,42
25	3,21	3,13	2,89	2,70	2,54	2,40	2,29	2,19	2,17
30	3,06	2,98	2,74	2,55	2,38	2,24	2,13	2,03	2,01
50	2,78	2,70	2,46	2,26	2,10	1,94	1,82	1,71	1,68
100	2,59	2,51	2,26	2,06	1,89	1,73	1,59	1,46	1,43
150	2,53	2,44	2,20	2,00	1,83	1,66	1,51	1,37	1,33
400	2,46	2,37	2,12	1,92	1,74	1,57	1,42	1,24	1,19
1000	2,43	2,34	2,09	1,89	1,71	1,54	1,38	1,19	1,11
∞	2,41	2,32	2,07	1,87	1,69	1,52	1,36	1,15	1,00

Quellenangaben für den Tabellenteil

Tabelle I, II

Croxton, Cowden und Klein, Applied General Statistics (c), Prentice-Hall, Englewood Cliffs, New Jersey 1967.

Tabelle III

R. A. Fisher und F. Yates, Statistical Tables for Biological, Agricultural and Medical Research, Oliver and Boyd, Edinburgh 1963 (6th ed.).

Tabelle IV

G. W. Snedecor und William C. Cochran, Statistical Methods, Iowa State University Press, Ames, Iowa 1967.

(Die Tabellen sind gegenüber den angeführten Quellen entweder gekürzt und/oder mit weniger Dezimalstellen versehen. Die Kürzung und Anordnung der Tabelle IV entspricht der von P. Neurath (1o, S. 478-479) vorgenommenen.)

Anmerkung zu Tabelle II, S. 177: Die Tabelle gibt an, wie groß die Werte für gegebene Freiheitsgrade (df) und bestimmte Signifikanzniveaus sein müssen, um als signifikant zu gelten.

Mit wachsender Anzahl der Freiheitsgrade wird der Unterschied zwischen dem t-Wert und dem z-Wert immer kleiner. Für df = unendlich sind beide identisch (vgl. Tabelle I).

Sachregister

A

Arbeitshypothese 99ff
Arithmethisches Mittel 12,
  18f, 43
Auswahl(-verfahren) 9, 11f,
  14ff
  -bedingungen 17
  -umfang 16f
-,Unabhängigkeit der 16f

B

Beobachtungseinheiten 13
Beschreibende Statistik
  (s. deskriptive Statistik)
Binnenvarianz 146, 150f
Binomialexpansion 81
Binomialverteilung 89
-,Gleichung der 89
Binomialkoeffizient 83
Binomischer Lehrsatz 81

C

Central limit theorem 53
Chi-Quadrat-Test 124-139
-,Beispiel 131ff
-,Freiheitsgrade 126ff,
  129f, 138
-,Rechenformel 135f
-,Verteilung 124ff, 137
-,Vierfeldertafel 138f
-,Yates-Korrektur 138f
Critical ratio (s. kritischer
  Quotient)

D

Deskriptive Statistik 9, 25
Differenztest (s. Signifikanz-
  test)
Drittfaktor 169
Durchschnitt (s. arithmeti-
  sches Mittel)

E

Einseitige Tests 118-123
Erwartungswert 43
Experiment 155f
Experimentalgruppe 121

F

Faktorenkontrolle 168f
Fehlerrisiko 43, 45f, 51,
  65, 87, 99, 101
Fehlertypen 101ff
-,Fehler erster Art 101, 103
-,Fehler zweiter Art 102
Fehlervarianz 167
Freiheitsgrade 61ff, 129ff
F-Test 112ff, 140ff
-,Beispiel 152ff
-,Verteilung 151f

G

Gaußsche Glockenkurve 26
Gesamtgruppenprozentsatz
  72, 85
Grundgesamtheit 9, 11f
-,Abgrenzung der 12f, 15

H

Häufigkeit
-,beobachtete 135f
-,erwartete 135f
Häufigkeitsverteilung 25f
-,theoretische 76
-,von Sampleprozentsätzen
  76, 86
Häufigster Wert (Modus)
  27, 42
Histogramm 25f
Hypothesen, Überprüfen von
  99f

I

Indifferenztabelle 132
Inferenzstatistik 9
Inklusionsschluß 11, 67ff
-,Schätzung des Samplemittel-
  wertes 67ff
  Sampleumfang $n \geq 30$ 67ff
  Sampleumfang $n < 30$ 70f
Irrtumswahrscheinlichkeit
  (s. Fehlerrisiko)

K

Kausalaussagen 139
Kombinatorik 84
Kontingenztabelle 131f
Kontrollgruppe 122
Korrelation 9
Korrelationskoeffizient,
    Interklassen- 165
Kritischer Quotient 100, 109

M

Massenexperiment 45, 57, 69,
    77f, 87, 136, 137
Median 27
Merkmalsausprägung 25, 72f
Messen 57
Meßfehler 57
Meßniveau 72
-,Intervallskalierung 72, 91
-,Nominalskalierung 72, 124
Mittelwert (s. arithmetisches
    Mittel)
Modalwert (s. häufigster Wert)
Modus (s. häufigster Wert)
Mutungsbereich (s. auch Ver-
    trauensbereich) 54

N

Normalverteilung 25ff
-,der Sampledifferenzen 96
-,Eigenschaften 27ff
-,Formel der 29
-,standardisierte Form 30ff
-,Transformation (lineare)
    35ff, 58f
Nullhypothese 99ff, 136f

P

Parameter 11f
Poisson-Verteilung 91
Population (s. auch Grundge-
    samtheit) 9ff
Prüfverteilung 57, 66, 68

Q

Quotenverfahren 169

R

Randomisierung 169
Random numbers (s. Zufalls-
    zahlen)
Repräsentationsschluß 9,
    38ff, 44, 72ff
-,für Prozentwert 72ff
    Bedingungen 91
-,für quantitative Varia-
    blen 38ff
    der z-Test, $n \overset{>}{-} 30$ 38ff
    der t-Test, $n < 30$ 57ff
Repräsentativität 11, 17
Restvarianz (s. Fehlerva-
    rianz)
Restwahrscheinlichkeit (s.
    Fehlerrisiko)

S

Sample 11
    -maßzahl 12
    -mittelwert 44
    -paare 95
    -prozentsatz 75f, 78ff
    -umfang 53f
    -verteilung 43, 53f, 57,
    73, 87
        -,der Sampledifferenzen
        95, 97, 104
Schätzfehler 53f
Schließende Statistik 9
Schließverfahren, Logik des
    39ff, 51ff
Schluß vom Sample auf die
    Gesamtgruppe (s. Reprä-
    sentationsschluß)
Sicherheit 51
Sicherheitsbereich (s. Ver-
    trauensbereich)
Sicherheitsgrenzen (s. Ver-
    trauensgrenzen)
Sicherheitsniveau (s. auch
    Fehlerrisiko) 54f, 170f
Signifikanz 100
-,statistische und prakti-
    sche 173
Signifikanzgrad (s. auch Feh-
    lerrisiko) 101

Signifikanztest 94
-,Aussagefähigkeit 172
-,Chi-Quadrat-Test 124-139
  χ^2 (Maßzahl) 131-138
-,Differenztest 94ff
  Differenz zwischen Prozent-
  sätzen 94-103
  Differenz zwischen Mittel-
  werten 104-117
  der z-Test, $n_1+n_2 \geq 30$
  104-109
  der t-Test, $n_1+n_2 < 30$
  110-117
  bei gleichen Varianzen 110f
  bei ungleichen Varianzen
  111f
-,Kontroverse 168
-,Varianzanalyse 140-167
Simple random sampling 168
Standardabweichung (s. auch
  Streuungsmaße) 20
-,der Sampleverteilung 54, 96
-,Schätzung der 48, 58
Standardfehler 48f, 51, 65
-,des Mittelwertes 48
-,des Prozentsatzes 89
Standardisierung 22ff
-,der Samplepaardifferenzen
  97, 104
Stichprobe 11
-,Umfang 51
Stimulus, experimenteller 155f
Streuungsmaße 9, 12, 18f
Student-Verteilung (s. t-Ver-
  teilung)
Summenzeichen 18f

T

Transformation 23f
-,in z-Werte 23f
-,lineare 36
-,nichtlineare 60
t-Test (s. Repräsentationsschluß und Signifikanztest)
t-Verteilung 60f
-,Kurvengleichung 63

U

Universum (s. auch Grundgesamtheit) 11

V

Varianz 12, 20
-,Bestimmung der Varianzan-
  teile 166
-,der Sampleverteilung 53
-,Fehlervarianz 167
-,innerhalb der Samples
  (Binnenvarianz) 146, 150f
-,pro Freiheitsgrad 164, 166
-,Zerlegung der Varianz in
  ihre Bestandteile 157-165
-,zwischen den Samples (Zwischenvarianz) 149ff
Varianzanalyse 140-167
-,Beispiel 157ff
-,und Korrelation 165
-,Voraussetzungen
Verteilung
-,der Samplepaardifferenzen
  95, 106
-,empirische 29
-,Mittelwertsverteilung 44
-,Sampleverteilung 43
-,theoretische 26
-,unendlich vieler Samplemittelwerte 44
Vertrauensbereich, (-inter-
  vall) 47, 55f, 65
-,des Gesamtgruppenprozent-
  satzes 90
-,des Mittelwertes (Parameters) der Grundgesamtheit
  56
Vertrauensgrenzen 47, 50, 51
Vierfeldertafel 131

W

Wahrscheinlichkeit 74
  -srechnung 74ff
Wahrscheinlichkeitsauswahl
  14
-,einfache 14f

Y

Yates-Korrektur 138f

Z

z-Test (s. Repräsentationsschluß und Signifikanz-
  test)

z-Verteilung 61, 68
Zufallsauswahl, Zufalls-
  sample 14f
Zufallstafel 15
Zufallsvariation 42

Zufallszahlen (random num-
  bers) 15
Zweiseitige Tests 38ff
Zwischenvarianz 149ff

Studienskripten zur Soziologie

43   H. M. Kepplinger, Massenkommunikation
     207 Seiten. DM 19,80

44   H.-D. Schneider, Kleingruppenforschung
     2. Auflage. 343 Seiten. DM 23,80

45   H. J. Helle, Verstehende Soziologie und
     Theorien der Symbolischen Interaktion
     207 Seiten. DM 19,80

46   T. A. Herz, Klassen, Schichten, Mobilitäten
     316 Seiten. DM 23,80

48   S. Jensen, Talcott Parsons Eine Einführung
     204 Seiten. DM 19,80

49   J. Kriz, Methodenkritik empirischer Sozialforschung
     292 Seiten. DM 22,80

120 G. Büschges, Eine Einführung in die Organisationssoziologie
     214 Seiten. DM 19,80

121 W. Teckenberg, Gegenwartsgesellschaften: UdSSR
     478 Seiten. DM 26,80

122 A. Diekmann/P. Mitter, Methoden zur Analyse von Zeitabläufen
     208 Seiten. DM 19,80

123 Goetze/Mühlfeld, Ethnosoziologie
     326 Seiten. DM 23,80

124 D. Ruloff, Historische Sozialforschung
     225 Seiten. DM 19,80

125 W. Tokarski/R. Schmitz-Scherzer, Freizeit
     289 Seiten. DM 22,80

126 R. Porst, Praxis der Umfrageforschung
     172 Seiten. DM 17,80

127 A. Silbermann, Empirische Kunstsoziologie
     206 Seiten. DM 19,80

128 E. Lange, Soziologie des Erziehungswesens
     242 Seiten. DM 20,80

129 W. Felber, Eliteforschung in der Bundesrepublik Deutschland
     264 Seiten. DM 20,80

130 G. Hofmann, Datenverarbeitung in den Sozialwissenschaften
     345 Seiten. DM 23,80

131 K. Türk, Einführung in die Soziologie der Wirtschaft
     309 Seiten. DM 23,80

132 P. Ridder, Einführung in die Medizinische Soziologie
     226 Seiten. DM 19,80

133 W. Spöhring, Qualitative Sozialforschung
     403 Seiten. DM 25,80

135 R. Scharff, Gegenwartsgesellschaften: Italien
     316 Seiten. DM 26,80

Preisänderungen vorbehalten